GG PVYA
GUÍAS PARA VER Y ANALIZAR

El diablo sobre ruedas

(Duel)

Steven Spielberg

(1972)

*****

Santiago García Ochoa

A José Luis García Teijeiro,
primer lector (y corrector) de todo lo que escribo.

NAU llibres

Colección "Guías para ver y analizar" nº 51

Nau Llibres. Periodista Badía 10. 46010 - València
Tel.: 96 360 33 36. Fax: 96 332 55 82
E-mail: *nau@naullibres.com* web: *www.naullibres.com*

Diseño de cubierta y maquetación:
Pablo Navarro, Nerina Navarrete y Artes Digitales Nau Llibres

ISBN_ePub: 978-84-7642-911-2
ISBN_mobi: 978-84-7642-912-9
ISBN_papel: 978-84-7642-910-5
ISBN_PDF: 978-84-7642-913-6

Depósito Legal: V-855-2013

Impresión: Ulzama

Índice

I. Ficha técnica y artística[1]

Título original	*Duel*
Nacionalidad	Estados Unidos
Producción	George Eckstein para Universal
Director de producción	Wallace Worsley Jr.
Director	Steven Spielberg
Ayudante de dirección	James Fargo
Guión	Richard Matheson, basado en su relato homónimo publicado en Playboy (abril de 1971)
Fotografía	Jack A. Marta (Technicolor)
Operador de cámara (sin acreditar)	Sherman Kunkel
Operador del "camera car" (sin acreditar)	Pat Eustis
Montaje	Frank Morriss
Dirección artística	Robert S. Smith
Decorados	Sal Blydenburgh
Compositor de la música	Billy Goldenberg
Intérprete de la música (sin acreditar)	Mike Deasy
Supervisor de la música (sin acreditar)	Hal Mooney
Sonido	Edwin S. Hall, Sam Caylor (sin acreditar)
Efectos sonoros (sin acreditar)	Dale Johnston, Jack Kirschner, Ronald LaVine, Sid Lubow, Richard Raderman
Coordinador de las escenas de conducción peligrosa	Cary Loftin
Coordinador de transporte (sin acreditar)	Alby Thomas

1 Como los créditos de la película son muy escuetos hemos completado los nombres del equipo técnico con los que se recogen en The Internet Movie Database (IMDb).

Intérpretes:	
Dennis Weaver	David Mann
Jacqueline Scott	señora Mann
Eddie Firestone	propietario del café
Lou Frizzell	conductor del autobús
Gene Dynarski	cliente del café
Lucille Benson	mujer del Snakerama
Tim Herbert	empleado de la gasolinera
Charles Seel	anciano
Shirley O'Hara	camarera
Alexander Lockwood	anciano del coche
Amy Douglass	anciana del coche
Dick Whittington	locutor de radio
Cary Loftin	conductor del camión
Dale Van Sickle	conductor del coche
Duración	90 minutos (85′30″ en DVD)
Estreno de la versión televisiva	13 de noviembre de 1971, dentro del programa de la cadena ABC Movie of the Weekend (de 20:30 a 22:00 horas) (74 minutos sin publicidad)
Estreno de la versión cinematográfica	noviembre de 1972, en Londres

2. Introducción

2.1. Cuestiones previas

Desde su estreno en 1972, *El diablo sobre ruedas*, "TV movie" extendida para el mercado cinematográfico europeo, es una obra de culto. No en vano espectadores y críticos supieron captar su enorme riqueza significante: enfrentamiento del hombre contra la máquina, simple ejercicio de suspense, estudio sobre la paranoia individual y/o colectiva...

El diablo sobre ruedas es también un producto tremendamente representativo de las corrientes cinematográficas norteamericanas del momento (el manierismo y New Hollywood) y la ópera prima de Steven Spielberg, quizás el director más conocido del panorama cinematográfico actual.

Inexplicablemente, y a pesar de todo ello, sobre *El diablo sobre ruedas* se ha escrito poco, demasiado poco.

Con esta monografía queremos contribuir a llenar un vacío imperdonable, sumándonos al mismo tiempo a la labor desplegada por la colección *Guías para ver y analizar*, ya que, desde nuestro punto de vista, esta película permite un acercamiento didáctico a aspectos esenciales del lenguaje cinematográfico, la historia del cine y las diferentes metodologías del análisis fílmico.

2.2. New Hollywood: El renacimiento del cine en la era de la televisión

2.2.1. Lo Viejo y lo Nuevo

La historia de Hollywood (aunque también la Historia general del cine) se articula en torno al periodo clásico (1917-1950/60), auténtica edad de oro del cine norteamericano, presidida por dos principios básicos: la estabilidad y la autorregulación. Durante este periodo, Hollywood fue capaz de controlar la producción en serie de películas concentrándola en unos pocos estudios[2], autocensurarse (desde 1930) a través del Production Code (conocido popularmente como Código Hays), clasificar sus productos en torno a etiquetas específicas de cara al mercado (géneros, "star system") y construir un modelo de espectador homogéneo sobre el que ejercía un fuerte control psicológico de forma encubierta. El estilo clásico se caracteriza por la "transparencia narrativa" o un borrado de las marcas de la enunciación que conduce

2 Las cinco "majors" (Warner, RKO, Paramount, Fox y MGM) produjeron, distribuyeron y exhibieron sus propios productos (hasta la década de los 50), mientras las "minors" (Universal, Columbia y United Artists) sólo controlaron las dos primeras fases del proceso.

al espectador a participar de toda la fuerza del relato e identificarse con algunos personajes.

Los historiadores denominan de forma genérica postclasicismo a lo que viene después del periodo clásico, estableciendo una dialéctica general entre lo viejo ("Old Hollywwod"-clasicismo) y lo nuevo ("New Hollywood"-postclasicismo), aunque les resulta imposible fijar una barrera precisa entre ambos. Para salvar este escollo, Jesús González Requena sitúa un periodo intermedio que alberga el distanciamiento sutil y progresivo de las normas clásicas, igual que sucedió en la Historia del arte occidental entre el Renacimiento y el Barroco (González Requena, 1986 y 2006). El "manierismo" se manifiesta en la década de los 40 a través de la obra de algunos directores (fundamentalmente venidos de Europa) como Orson Welles (la excepción), Douglas Sirk o Alfred Hitchcock, pero conoce su apoteosis en los años 50 y 60. El texto fílmico manierista se caracteriza por la identificación de la cámara con una nueva mirada externa a los personajes (el narrador cinematográfico deja de ser invisible) o, lo que es lo mismo, porque la representación (puesta en escena, montaje y escenografía) queda separada de la narración, síntoma ineludible de la crisis del sistema de valores que impregnaba los films clásicos (no hay que olvidar que desde los 40 EE UU sufre el impacto psicosociológico de la II Guerra Mundial).

Aunque muchos críticos e historiadores emplean la etiqueta "New Hollywood" como mero sinónimo de postclasicismo, otros prefieren restringirla a fases más específicas dentro de este marco tan amplio. Vamos a optar por esta segunda vía, aplicándola al periodo 1967-1975 en exclusiva, por considerarlo el periodo de transición que nos conduce al Hollywood actual (postclásico pero también postmoderno) y, para lo que aquí nos interesa, porque alberga el debut y los primeros trabajos profesionales de Steven Spielberg (de hecho se cierra con su primer gran éxito de taquilla).

New Hollywood (1967-1975) supone la materialización de grandes cambios en la organización industrial y económica que afectan a la producción, distribución y exhibición de las películas, pero también la entrada en Hollywood de la modernidad cinematográfica y de "otros" valores alternativos al "establishment".

Un año, 1975, y una película, *Tiburón* (*Jaws*, Steven Spielberg), se suelen considerar como la bisagra que da paso al Hollywood actual (que algunos denominan New New Hollywood). En realidad, *Tiburón* representa el triunfo de una vía en desarrollo desde principios de los 70 (en clara dialéctica con el cine más modernista y contracultural), cuyo rasgo distintivo sería un conservadurismo amparado en unas nuevas estrategias mercantiles que todavía permanecen. Una generación de cineastas, los Movie Brats (Spielberg entre ellos), fue su principal valedora[3].

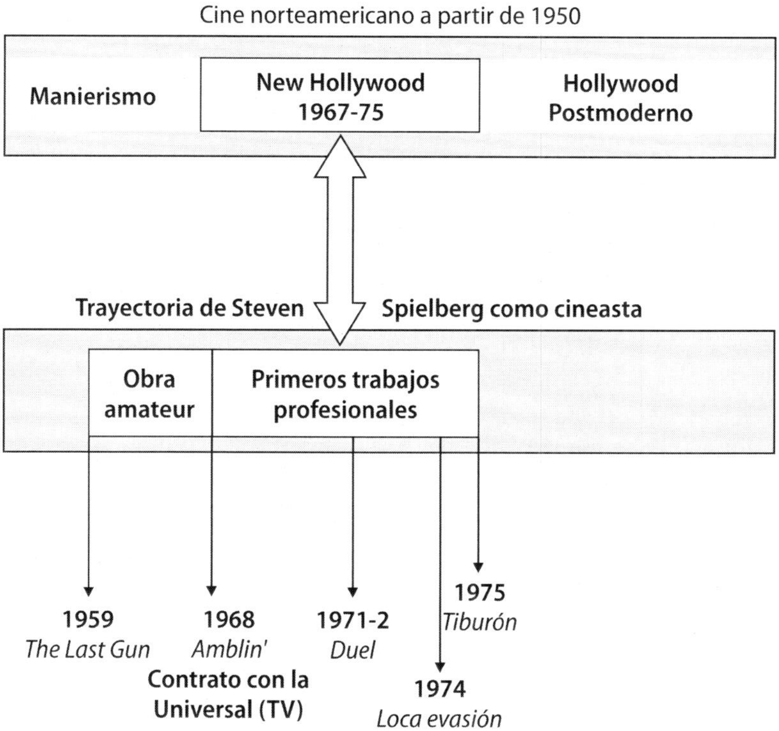

3 Estos cuatro periodos en los que hemos dividido la historia de Hollywood (clasicismo, manierismo, New Hollywood y Hollywood postmoderno) no poseen límites claros y se solapan entre sí. Con esta compartimentación solo perseguimos mostrar un panorama ordenado (cronológicamente) en el que el lector pueda integrar la película que nos ocupa. Sobre la problemática de la evolución estilística del cine de Hollywood recomendamos leer las reflexiones de Losilla (2003).

2.2.2. Factores que configuran New Hollywood

Cualquier estudio sobre Hollywood debe acometerse desde diversos frentes; solo entonces será fiel al carácter poliédrico de esta institución. Hay que tener en cuenta que, por ejemplo, los cambios industriales vienen definidos por el desarrollo global de la economía, o que las variaciones en la composición del público dependen directamente de la evolución social. En virtud de la claridad expositiva vamos a explicar estas alteraciones a través de tres grandes crisis: la social, la institucional y la financiera/industrial.

El periodo 1967-75 resultó extremadamente convulso para los EE UU: violencia en las grandes ciudades (Chicago, Nueva York); asesinato de importantes líderes políticos (Martin Luther King y el senador Robert Kennedy, ambos en 1968); recrudecimiento de la guerra (televisada) de Vietnam (matanza de My Lai en 1968, invasión de Camboya en 1970) y de los movimientos de protesta (disparos de la Guardia Nacional contra estudiantes de la Kent State University con un saldo de cuatro muertos en 1970); escándalo de las escuchas ilegales en el edificio Watergate, sede del partido demócrata, en 1972; crisis del petróleo (1973); dimisión de Nixon a causa de su implicación en el escándalo Watergate (1974); aumento de la actividad de grupos sociales claramente diferenciados por su raza (lucha por los derechos civiles de los negros), su sexualidad (movimiento feminista y gay) o su edad (hippies, contracultura, revuelta universitaria)... Todo ello se tradujo en la total desconfianza de los ciudadanos hacia los políticos federales, estatales y municipales. El cine del periodo se puede leer como una reelaboración de muchas de las claves de la sociedad del momento: el western se hizo eco de los sucesos de la guerra de Vietnam en clave metafórica –*Grupo salvaje* (*The Wild Bunch*, Sam Peckinpah, 1969), *Soldado azul* (*Soldier Blue*, Ralph Nelson, 1970)–; el thriller de conspiración política se alimentó del clima de incertidumbre generado tras la muerte de Kennedy (1963), renovado con el escándalo Watergate –*Siete días de mayo* (*Seven Days in May*, John Frankenheimer, 1964), *La conversación* (*The Conversation*, Francis Ford Coppola, 1974)–; pero es quizás el cine de catástrofes, que irrumpe a principios de los 70, el que mejor glosa el enorme caos en el que se encontraba sumido el país –*La aventura del Poseidón* (*The Poseidon Adventure*, Ronald Neame, 1972), *El coloso en llamas* (*The Towering Inferno*, John Guillermin, 1974).

La configuración de grupos sociales diferenciados por su raza, sexo o edad que luchan por ampliar sus derechos en el marco de la sociedad democrática resulta capital para comprender la diversificación del público que se produce en la década de los 60. El modelo homogéneo del Viejo Hollywood basado en la asistencia de las familias al cine resultaba obsoleto para la sociedad del momento. De todos los grupos sociales, el que se diferencia por su edad, los jóvenes, es el que cobra ahora un mayor protagonismo.

Una investigación encargada por la Motion Picture Association of America (MPAA, la organización que defendía los intereses comerciales de los estudios de Hollywood) en 1968 reveló que el 48 % del público que asistió a las salas ese año pertenecía al grupo de los 16-24 años (Cook, 2002: 67). Eran los niños del "baby boom" posbélico (1946-1964), que no solo habían tenido una educación más larga y completa, sino que, para ellos, el lenguaje audiovisual (y por extensión el cine de Hollywood) resultaba algo de lo más cotidiano porque crecieron pegados a la televisión en sus casas unifamiliares de los suburbios.

Dos fenómenos son fundamentalmente los responsables de que, durante la década de los 60, se edificase una imagen moderna, nueva (quizás cabría decir "adulta") de la institución hollywoodiense. Nos referimos a la desaparición del Production Code y al encumbramiento de la figura del director.

El Viejo Hollywood había sido constructor y transmisor de una visión idealizada de América basada en el respeto de la ley, la fidelidad marital, el patriotismo y la honestidad. El Production Code, o Código Hays, adoptado por la Motion Picture Producers and Distributors Association (Motion Picture Association of America desde 1945) en 1930, garantizaba la uniformidad ideológica de los productos salidos de los estudios. Pero la crisis social de los 60 hizo imposible seguir manteniendo un inmovilismo que desde la década anterior ya resultaba anacrónico. El primer paso consistió en la flexibilización del Production Code de 1966. El segundo supuso su sustitución por un sistema de clasificación por edades (Code and Rating Administration, CARA) que dividía las películas sometidas al CARA en cuatro categorías, que tras algunas modificaciones iniciales permanecerían inalteradas hasta hoy (salvo la adición de una quinta en 1984, la PG-13):

G. "General Audiences", aptas para todos los públicos.

PG. "Parental Guidance Suggested", recomendación de prudencia para los padres ya que algunos elementos pueden resultar impropios para los niños.

R. "Restricted", prohibida a los menores de diecisiete años no acompañados de adulto.

X. Prohibida a los menores de diecisiete años (Tavernier y Coursodon, 1997: 170-171).

Con este sistema, la libertad de expresión quedó sometida a los imperativos del mercado, pudiéndose atender mucho mejor a la diversificación del público. El caso más llamativo sería el de la normalización de la exhibición del cine pornográfico. La categoría X, que había nacido como una barrera para todo tipo de contenidos (*Cowboy de media noche* [*Midnight Cowboy*, John Schlesinger] fue clasificada X en 1969), terminaría identificándose con el cine pornográfico, cuyos artífices la adoptaron como emblema (la MPAA no había registrado los derechos para su empleo en exclusiva dentro del CARA); así, *Garganta profunda* (*Deep Throat*, Gerard Damiano, 1972) sería presentada como "XXX"[4].

En la década de los 60, la influencia de la cultura cinematográfica europea se dejó sentir con fuerza en EE UU. El nacimiento de los "nuevos cines" en países como Inglaterra o Francia impulsó a los cineastas independientes neoyorkinos (Jonas Mekas, Morris Engel, Shirley Clarke, Alfred Leslie y John Cassavettes, entre otros) a constituir el New American Cinema Group (1961), que pretendió implantar en la costa este un modelo de hacer cine alternativo al de Hollywood, basado en la creación de una cooperativa para evitar la injerencia de los productores. Pero las películas europeas también atraían al público intelectual joven (aunque adulto) a las "art houses", el nuevo tipo de salas diseñado para ellas (edificios y cines antiguos readaptados), cuyo número se vio incrementado a partir de la primera edición del New York Film Festival en 1963, ya que, de forma inmediata, el Festival se convirtió en la puerta de acceso a la distribución norteamericana de los films extranjeros (Monaco, 2001: 54-55).

---

4 Pronto la prensa y los exhibidores se alzaron en contra del empleo de la categoría X (Cook, 2002: 70-71). Habría que esperar hasta 1990 para que fuese sustituida por la NC-17, con el objeto de evitar definitivamente la equiparación automática a la pornografía propia de todas las películas clasificadas X (Tavernier y Coursodon, 1997: 171).

Los críticos norteamericanos (con Andrew Sarris a la cabeza) absorbieron la "política de los autores" (diseñada por la revista francesa *Cahiers du Cinéma*) y las universidades (NYU [New York University], UCLA [University of California, Los Angeles] y USC [University of Southern California, Los Angeles]) crearon los primeros departamentos de cine. Sarris (1968) construyó el panteón de directores a admirar (e imitar), centrándose en aquellos que supieron mantener su "escritura" personal dentro del "studio system" (como Lubitsch, Welles, Hitchcock, Hawks o Ford). Este enfoque domina todo el discurso de la crítica cinematográfica norteamericana de los 60 y 70, así como los nuevos programas sobre cine de las universidades (Cook, 2002: 68). Por fin, el director dejaba de ser considerado un mero engranaje dentro del "studio system", para pasar a convertirse en el verdadero protagonista del proceso de producción de una película, en "el autor de la obra". Pronto veremos las interesantes consecuencias de este fenómeno.

La crisis industrial y financiera es el fenómeno que ha generado más literatura. El punto de partida hay que buscarlo en 1948, año en el que el Tribunal Supremo declaró a las "majors" culpables de violar las leyes "antitrust" y les dio cinco años de plazo para separar sus redes de producción y distribución de las de exhibición (Decreto Paramount). De esta forma, en los 50 todos los estudios se adaptaron a la nueva situación convirtiéndose en "majors". La vacante dejada por la RKO fue cubierta por Walt Disney, con lo que seguían existiendo 8 grandes compañías, aunque ahora ninguna de ellas fuera dueña de salas de cine. Un segundo fenómeno clave lo constituye el surgimiento de la televisión comercial y su posterior difusión en los hogares a lo largo de la década de los 50. Inicialmente, las grandes compañías de cine habían intentado hacerse con las licencias de emisión, pero la resolución "antitrust" de 1948 les cerró el camino; éstas fueron entonces a parar a las principales empresas de radio, que configuraron un auténtico monopolio en torno a tres cadenas ("Big Three"): NBC, CBS y ABC. Los primeros años de la televisión, hasta 1955 aproximadamente, estuvieron dominados por los programas en directo (dramas escritos por autores de renombre y algunas series de ficción) emitidos desde Nueva York en "prime time"[5].

5 Horas punta o de más audiencia, que comprenden el intervalo entre las 20 y las 23 horas, para los estados de costa, y las 19 y las 22 horas, para los del interior de EE UU.

Para hacer frente a la televisión, los estudios pusieron en marcha diversos procedimientos de cara a diferenciar sus productos –generalización del uso del color y la pantalla ancha (CinemaScope), pantalla envolvente (Cinerama), proyecciones en tres dimensiones (3-D), grandes decorados y masas de extras, perfeccionamiento del sonido estéreo, aparición de efectos especiales–, lo que se tradujo en hacer películas mucho más caras y enormes, superproducciones como *Los diez mandamientos* (*The Ten Commandments*, Cecil B. DeMille, 1956) o *Ben-Hur* (William Wyler, 1959). Las innovaciones tecnológicas de la primera mitad de los 50 consolidaron la nueva estética manierista: la pantalla panorámica agudizó el desequilibrio que producen los vacíos, el uso del color hizo mucho más patente el contraste entre la figura humana y el fondo o entre diferentes escenarios, los alardes escenográficos adquirieron un protagonismo nuevo e inusitado; otros avances, como el 3-D o el estéreo, no tuvieron mucha difusión debido a que se requerían costosos equipos para la proyección de esas películas (Losilla, 1996: 207-224). Todo ello contribuyó a ensalzar la representación en detrimento del relato. Pero esta estrategia no siempre daba buen resultado y los fracasos comenzaron a acumularse en la década de los 60. *Cleopatra* (Joseph L. Mankiewicz, 1963) casi hunde a la Fox en 1962, y el "big musical" acumuló fracaso tras fracaso desde 1965 –*El extravagante Dr. Doolittle* (*Dr. Doolittle*, Richard Fleisher, 1967) de Fox y *La leyenda de la ciudad sin nombre* (*Paint Your Wagon*, Joshua Logan, 1969) de Paramount, entre los casos más sonados–. Hollywood tocó fondo entre 1969 y 1971, por lo que buscó potenciar la distribución de sus films fuera de EE UU, sobre todo con la creación de la Cinema International Corporation (CIC) por Paramount y Universal en 1970.

La falta de rentabilidad condujo a que las grandes compañías de Hollywood se fuesen convirtiendo progresivamente en simples empresas dentro de grandes conglomerados industriales: en 1962 la Universal fue vendida a la Music Corporation of America (MCA); en 1966 la Gulf + Western Industries compró la Paramount; al año siguiente la Transamerica Company adquirió United Artists; en 1966 Jack Warner había vendido su parte de Warner Bros a Seven Arts (compañía canadiense que distribuía las películas de Warner a las emisoras de televisión), pero esta transacción no pudo impedir la absorción del mítico estudio por un gran conglomerado en 1969, la Kinney National Services (que poseía empresas de aparcamientos, de alquiler de coches, constructoras e incluso funerarias), naciendo así Warner Communications. Poco a poco la producción cinematográfica se vio invadida por empresarios y ejecutivos que en su vida habían pisado un plató.

Los cambios comportaron también una implicación cada vez mayor de Hollywood en el negocio televisivo, que repentinamente pasó de enemigo a aliado. Hacia mediados de los 50 se inició una progresiva integración entre ambas industrias a través de dos vías: la venta o alquiler de los fondos de películas (filmotecas) de los estudios a las cadenas y la producción de la mayor parte de la programación de las cadenas en los estudios de Los Angeles. Nacía así la era de la "televisión hollywoodiense", marcada por el protagonismo de los telefilms, que aportaron una versión estandarizada del cine de género de Hollywood (como las célebres *Maverick* o *Alfred Hitchcock Presents*, en los 60 rebautizada *The Alfred Hitchcock Hour*), y los largometrajes cinematográficos, cada vez más recientes, programados en "prime time" (como la serie "Saturday Night at the Movies" de CBS estrenada en 1961). Hacia 1968 todas las noches de la semana se emitían películas en alguna de las tres grandes cadenas. Esta ola sin precedentes de programación cinematográfica agotó rápidamente los stocks de películas atractivas que no habían sido emitidas por televisión, y los estudios empezaron a cobrar precios cada vez más altos por sus productos. En septiembre de 1966, por la emisión muy anunciada de *El puente sobre el río Kwai* (*The Bridge on the River Kwai*, David Lean, 1957), la Ford Motor Company pagó casi 2 millones de dólares en calidad de patrocinador.

Ante tal panorama, los ejecutivos de las cadenas buscaron la forma de producir sus propias películas. NBC fue la cadena que desarrolló inicialmente el nuevo formato de las "made-for-television". El estreno se produjo el 7 de octubre de 1964 con *Show How They Run*, protagonizada por John Forshyte, que se presentó como un programa especial. A principios de 1966 la cadena firmó un contrato con Universal Studios para crear una serie de películas para televisión en "estreno mundial", en color y con un coste inferior al millón de dólares. Tras ser emitida en la cadena un par de veces, los derechos de la "TV movie" revertían a Universal, que podría estrenarla en las salas de cine de los Estados Unidos (hecho poco frecuente), más tarde en las salas de cine del extranjero (hecho más frecuente) y finalmente en las emisoras de televisión de todo el país (hecho muy frecuente). La primera película estrenada fue *Fame Is the Name of the Game* (26 de noviembre de 1966), último trabajo televisivo del director Stuart Rosenberg antes de saltar a la gran pantalla.

Pero fue ABC la cadena que convirtió la "made-for-television" en un auténtico acontecimiento social con su programa "Movie of the Week", estrenado el martes 23 de septiembre de 1969 a las 20:30, en "prime time" –en una sola temporada pasó del puesto 22 al número 6 de la lista de los 30 programas más vistos (Karol, 2005: 25)–. Barry Diller, vicepresidente de ABC, comprendió enseguida que, para atraer a un público tan diverso como el televisivo hacia unas historias originales que no se habían vendido previamente en forma de novela o película de cine, debía resolver un problema de marketing, y para eso creó el "high concept": cada "made-for-TV movie" (pensada para unos 75 minutos de duración, 90 con la publicidad) debía poder condensarse en unas pocas palabras o imágenes, que eran empleadas para promocionarla en la reseña del *TV Guide* y el spot televisivo de 30 segundos de ABC, forjándose así algún tipo de expectativa en los telespectadores sobre el género o la trama de la película que se iba a emitir (D'Agostino, 2008: 19-26).

Una "Movie of the Week" costaba alrededor de 400.000 dólares (ABC trabajaba en cada ocasión con la productora más idónea), y si el "high concept" daba juego la película se convertía en el piloto de una serie.

A principios de los 70 el número de películas para televisión superó al de producciones cinematográficas emitidas por las tres cadenas. En ellas se abordaban problemas sociales presentes en los periódicos, las revistas y otros programas de televisión del momento, aunque siempre partiendo de las convenciones de géneros populares para evitar los aspectos más controvertidos. Por ello algunas "TV movies" causaron un gran impacto social, superior incluso al de los estrenos cinematográficos, especialmente *Brian's Song*, sobre un jugador de fútbol americano que muere de cáncer, emitida por ABC el 30 de noviembre de 1971 y que ganó 5 Emmys (Gomery, 1989: 65-84; 1996: 39-42). El auge de las películas hechas para televisión en las cadenas públicas duraría hasta el triunfo de la televisión por cable (de pago) en los 80.

2.2.3. Ecos de modernidad dentro de Hollywood

A finales de los sesenta se produjo el espectacular triunfo en salas de dos películas que habían costado a sus respectivos estudios tan sólo 3 millones de dólares y cuya recaudación estuvo muy por encima de los 20 (Cook, 2002: 497): *Bonnie y Clyde* (*Bonnie and Clyde*, Arthur Penn, 1967) de Warner y *El graduado* (*The graduate*, Mike Nichols, 1967) de Embassy. Las dos conectaban bien con un importante sector del público, aquel al que se refería la encuesta de la MPAA de 1968, el grupo de los 16-24 años. Pronto Hollywood cambió de estrategia y se lanzó a contratar a jóvenes productores y directores para intentar llenar de nuevo las salas; los segundos gozarían de grandes libertades dentro de los estudios gracias sin duda al auge de la "política de los autores" (así entraron en escena los Movie Brats, aunque de eso nos ocuparemos más tarde).

Bonnie y Clyde y *El graduado* introdujeron una serie de rasgos distintivos que, debido a su gran éxito comercial, rápidamente pasaron a formar parte de Hollywood[6]. Así, entre finales de los 60 y principios de los 70 el cine comercial norteamericano se equiparó como nunca al cine europeo[7], aunque hay que tener en cuenta que sus propuestas fueron mucho menos radicales que las del otro lado del Océano[8]. Tres grandes rasgos definen lo que algunos han llamado "estilo New Hollywood":

a) Incorporación de nuevas técnicas y procedimientos tomados fundamentalmente de la televisión, los "nuevos cines" europeos y el New American Cinema: uso del zoom y del teleobjetivo, congelado de la imagen, división de la pantalla (multipantalla), montaje sincopado, eliminación de fundidos en favor del corte

6 Existe una clara continuidad entre la estética manierista del cine norteamericano y la moderna del cine europeo ("nuevos cines" de los 60), ya que en la primera se encuentra el embrión de muchas de las fórmulas que luego se desarrollarían en la segunda. No es pues baladí tener en cuenta que cuando el "cine de autor a la europea" de los 60 desembarcó en Hollywood halló un terreno bien abonado por esa degeneración del estilo clásico a la que hemos denominado manierismo.

7 El fenómeno comportó incluso la llegada de algunos directores procedentes de Europa, como el checo Milos Forman, el polaco Roman Polanski o el inglés John Boorman.

8 No son pocos los autores que menosprecian la aportación estética de lo que aquí hemos denominado New Hollywood, por considerar que estos films apenas se desvían de los cauces narrativos propios del cine comercial norteamericano.

neto, importante desarrollo del proceso de edición del sonido (para potenciar el realismo, subrayar el punto de vista de los personajes o incluso fusionarse con la música) y predominio del rodaje en escenarios naturales con equipos menos pesados, cámara al hombro, "camera car", etc. (que favorecen el recurso al plano-secuencia). Para su difusión, resultó importante la presencia de algunos operadores europeos (como László Kovács y Vilmos Zsigmond), pero sobre todo los cambios introducidos en el modo de producción de los films: los estudios consienten en rodar lejos de sus instalaciones, aunque bajo el estricto control de la figura del productor independiente, promotor inicial del proyecto[9] (Warren Beatty supervisó el rodaje de *Bonnie y Clyde* en Texas); admiten films de pequeñas productoras independientes, aunque conservan la capacidad de decisión sobre el montaje final (*Easy Rider. En busca de mi destino* [*Easy Rider*, Dennis Hopper, 1969] de BBS para Columbia), o incluso llegan a crear divisiones especializadas en películas de bajo presupuesto orientadas a satisfacer al "nuevo público", como la dirigida por Ned Tanen en la Universal (desde 1969), que aportó títulos de Milos Forman (*Juventud sin esperanza, Taking Off*, 1971), Dennis Hopper (*The Last Movie*, 1971) o Monte Hellman (*Carretera asfaltada en dos direcciones, Two Lane Blacktop,* 1971).

b) Crisis de la coherencia narrativa clásica, basada en presentar de forma más o menos clara la evolución de un personaje (héroe) enfrentado a un conflicto que finalmente consigue superar (planteamiento-nudo-desenlace). Elsaesser (1975) define a estos nuevos personajes como héroes desmotivados indefinidos psicológicamente, invadidos por lo que él llama el "pathos del fracaso", lo que provoca la vulneración de la causalidad dentro del relato. La aparición de un interés por mostrar ambientes y fenómenos característicos de la época desde la óptica del documental también contribuye a neutralizar la narración. La Polla (1978) ha observado la influencia de la estética pictórica hiperrealista en el cine de New Hollywood, tanto por el predominio del paisaje urbano y los vehículos motorizados como por un gusto por el detalle (potenciado a través del montaje analíti-

9 El sistema basado en la colaboración de un productor independiente con uno de los estudios era habitual desde la década de los 50.

co) que conduce incluso a la introducción en el encuadre de elementos reflectantes (espejos, cristaleras), característicos de la pintura hiperrealista. La abundancia de films que recurren al motivo del viaje ejemplifica muy bien la crisis de la coherencia narrativa clásica: en ellos, la única línea de acción la marca el desplazamiento de los protagonistas, responsable también de fragmentar la narración, que se convierte en una sucesión de episodios. No en vano entre finales de los 60 y los primeros 70 se produce el nacimiento de la road movie[10], con tres títulos clave: *Easy Rider*, *Carretera asfaltada en dos direcciones* y *Punto límite: cero* (*Vanishing Point*, Richard C. Sarafian, 1971).

c) Sustitución de los valores tradicionalmente fomentados desde Hollywood por el antiautoritarismo, la ambigüedad ideológica y un tratamiento desinhibido de la violencia y el sexo (gracias a la desaparición del Production Code): *Easy Rider* recrea la ideología y las formas de vida (banda sonora compuesta por temas de "rock and roll", visita a una comuna hippie, consumo de drogas) de la contracultura –en el lavabo del cine de Nueva York donde se estrenó tuvieron que quitar las puertas de los retretes porque los hippies se metían allí a fumar porros (Biskind, 2004: 93)–; *M*A*S*H* (Robert Altman, 1970) recurre al lenguaje obsceno, los desnudos y el antimilitarismo: "fue la primera vez que se vio en cine a unos tíos todos manchados de sangre y diciendo, durante una operación: «Enfermera quite las tetas de en medio»" (Biskind, 2004: 121); *La última película* (*The Last Picture Show*, Peter Bogdanovich, 1971) se centra en el despertar sexual de los jóvenes de un pueblo de Texas. En definitiva, el cine New Hollywood presenta una sociedad opresora contra la que los personajes sienten la necesidad de rebelarse (dentro o fuera de la ley) sin renunciar al protagonismo y punto de vista masculinos. De todas maneras, en clara consonancia con el despegue feminista de esos años, asistimos al inicio de la crisis de la masculinidad del héroe cinematográfico (empezando por los personajes interpretados por Warren Beatty y Dustin Hoffman en *Bonnie y Clyde* y *El graduado* respectivamente).

10 Algunos autores hablan de un género cinematográfico; no obstante, su condición de estandarte de New Hollywood introduce razones de peso para no hacerlo (los géneros fueron uno de los grandes pilares del "Viejo Hollywood"). Volveremos sobre el tema con ocasión de la catalogación genérica de *El diablo sobre ruedas* (7.1).

2.2.4. Hacia el Hollywood postmoderno: el espectáculo debe continuar

Durante la primera mitad de la década de los 70, esta corriente pseudo-modernista que identificamos con New Hollywood comenzó a diluirse en favor de la vuelta a la normalidad y la fijación de los rasgos distintivos del Hollywood actual. Analicemos este fenómeno desde una triple perspectiva (las películas, los cineastas y el film bisagra).

El inicio de la recuperación económica de Hollywood (a partir de 1972-1973) se debió especialmente a la proliferación de dos tipos de films: el de nostalgia y el de catástrofes. El término "nostalgia" engloba un fenómeno complejo, ya que no solo abarca la recreación de épocas pasadas, sino mucho más ampliamente el reciclaje de todo tipo de materiales que puedan configurar el horizonte de expectativas del público: seriales, espectáculos de Broadway o incluso films de la edad dorada de Hollywood (Jameson, 1985: 172-175). Los ejemplos más destacables de esta corriente fueron *El padrino* (*The Godfather*, Francis Ford Coppola, 1972), *El golpe* (*The Sting*, George Roy Hill, 1973), *American Graffiti* (*George Lucas*, 1973) y *Chinatown* (Roman Polanski, 1974). Ni que decir tiene que el fenómeno culminará con la proliferación del "remake" a partir de la década de los 80. El cine de catástrofes, por su parte, introduce en Hollywood el germen de lo que comúnmente se conoce hoy como "cine de atracciones". Se trata de la tendencia cada vez mayor a concentrar la atención del espectador en escenas concretas que potencian su sensación de placer o miedo, auténticos espectáculos aislados que rompen la narración en mil pedazos[11].

Un grupo de cineastas, los Movie Brats (Francis Ford Coppola, Martin Scorsese, George Lucas, Brian de Palma, Steven Spielberg, John Milius, Paul Schrader, entre los más conocidos), nos introduce de lleno en los nuevos rasgos distintivos de lo que será el New New Hollywood. Se trata de la primera generación de directores y guionistas (nacidos en la década de los cuarenta) que ha estudiado el cine de forma directa, frente a las inmediatamente anteriores formadas

11 Tom Gunning acuñó la denominación "cine de atracciones" a mediados de los 80 para referirse al modo de representación primitivo que caracteriza al periodo 1895-1906 (propio del cine de los hermanos Lumière o Méliès), anterior al predominio de la forma narrativa.

en la televisión (Arthur Penn, Robert Altman, Mike Nichols). Los Movie Brats crecieron viendo la programación televisiva durante los 50 y posteriormente estudiaron los nuevos programas universitarios diseñados a partir del triunfo de la "política de los autores" en los 60[12]. Llegaron a Hollywood cuando se buscaban nuevos y jóvenes valores (de ahí que se les conozca como los "mocosos [Brat] del cine [Movie]"), como auténticos "autores", pero pronto se convirtieron en verdaderas estrellas (la revalorización de la figura del director devino finalmente en herramienta de marketing). Sus primeras películas se pueden enmarcar dentro del "estilo New Hollywood", pero pronto evolucionan hacia el conservadurismo que caracteriza al Hollywood actual. Su cine posee, no obstante, un cierto carácter autorreflexivo, ya que acumula citas y referencias preferentemente audiovisuales aunque no siempre bien integradas (el pastiche es uno de los rasgos privilegiados de la estética postmoderna)[13]. Por último, estos directores, especialmente Lucas y Spielberg, enriquecerán el "cine de atracciones" (ya explotado por las películas de catástrofes) hasta darle su forma definitiva (entre la segunda mitad de los 70 y los primeros 80).

Coppola (nacido en 1939) desempeñó sin lugar a dudas el papel de adelantado dentro de su generación, por lo que su trayectoria se convirtió rápidamente en un modelo a imitar: comienza dirigiendo películas para Roger Corman en AIP a principios de los 60 (no todas acreditadas); a mediados de la década inicia su colaboración con Seven Arts y luego con Warner-Seven Arts, en su condición de joven y nuevo valor; en 1969 funda una pequeña productora, American Zoetrope, para seguir colaborando con la Warner pero con total autonomía; a principios de la década siguiente es contratado por la Paramount para dirigir *El padrino*, que tras su estreno en 1972 se convierte en el primer

12 Spielberg y De Palma constituyen las dos excepciones, aunque acuden a la universidad (hacen filología inglesa y física respectivamente) y participan de ese ambiente. Mientras estudia, De Palma dirige cortos en 16 mm. y gana una estancia en el Sarah Lawrence College patrocinado por la MCA, allí codirigirá (con Wilford Leach y Cynthia Munroe) su primera película, *The Wedding Party* (1969). Sobre los inicios de Spielberg volveremos en el siguiente apartado.

13 Además del ya mencionado Jameson (1985), Carroll (1982) habla de un "cine de alusiones" que abarca referencias de todo tipo: a géneros, escenas, autores, motivos del argumento o incluso homenajes.

gran super éxito de los 70[14]; con 32 años Coppola había llegado a ser uno de los grandes de Hollywood.

Pero la película que cambiará definitivamente las cosas no la dirigió Coppola, sino Steven Spielberg. En el verano de 1973 Spielberg había sido contratado por la productora Zanuck/Brown (que trabajaba con la Universal) para dirigir la adaptación de una novela de Peter Benchley, todavía sin publicar, que trataba sobre el acoso de un tiburón blanco a un pequeño pueblo costero en verano. El film, rechazado por otros directores, se presentaba como una nueva oportunidad para el joven Spielberg, ya que Zanuck y Brown habían sido los productores de su primera película, *Loca evasión* (*The Sugarland Express*, 1974), aún sin estrenar. No pudieron estar más acertados: *Tiburón* (*Jaws*, 1975) redefinió las estrategias mercantiles vigentes en Hollywood, marcando un nuevo camino a seguir basado en cuatro reglas de oro:

a) La película debe resultar un acontecimiento. El primer paso supone despertar las expectativas del público lanzando una importante campaña publicitaria, sobre todo a través de la televisión[15]. El segundo, un estreno a nivel nacional, a gran escala ("wide opening"), y no en la forma tradicional, es decir, gradualmente ("roadshow"). La fecha también resulta decisiva: el verano se perfila como la estación más propicia (coincide con las vacaciones) de cara a obtener un éxito rotundo. Por último, su impacto social: aparecerá en revistas, se hablará de él en programas de televisión, se venderán productos oficiales de la película (merchandising) y nadie podrá permanecer ajeno a su influencia. La exhibición en salas de *Tiburón* a partir del 20 de junio de 1975 provocó una auténtica ola de pánico en las zonas de baño de EE UU (se multiplicaron las alarmas en las playas y se cancelaron muchos viajes).
b) La película debe resultar fácilmente reducible a unas cuantas palabras (25), una imagen o incluso una melodía ("high concept").

14 Casi inmediatamente Coppola se embarcaría en *El Padrino II* (*The Godfather: Part II*, 1974), con lo que también se le puede considerar el inaugurador de la tendencia conservadora de explotar los éxitos al máximo realizando secuelas, práctica que en los 80 invadirá definitivamente Hollywood (precisamente en 1990 llegaría *El Padrino III* [*The Godfather: Part III*]).

15 La Universal se gastó más de 700.000 dólares en un spot de medio minuto que se pasaría en los programas emitidos a las horas de mayor audiencia (Biskind, 2004: 359).

Esta estrategia publicitaria se había explotado ya en la televisión: Diller la creó en 1969 para promocionar las "TV movies" de ABC. El "high concept" es la base de toda la campaña publicitaria y de los productos oficiales derivados de la película. El cartel promocional de *Tiburón* muestra la imagen de un inmenso escualo que emerge hacia una confiada bañista, mientras los anuncios de radio y televisión sacaron partido al hoy célebre leitmotiv (que acompaña las apariciones del tiburón blanco en la película) de John Williams; en ambos casos se logró transmitir plenamente la esencia de la experiencia fílmica. La segunda película de Spielberg inaugura también la era del merchandising: se vendieron gorras, productos de playa, lápices, camisetas e incluso la banda sonora de John Williams fue un gran éxito. Más adelante, en los 80 y 90, el estreno en cine de una película quedará reducido a un elemento más dentro de una larga carrera de explotación multimedia: venta de los derechos a la televisión por cable, explotación de la película en los videoclubs, venta de vídeos, banda sonora, videojuegos derivados del film, montajes del director, etc.

c) No hay que arriesgar. Los presupuestos deben concentrarse en un reducido número de films. Cada año, una o varias películas batirán los récords de taquilla de temporadas anteriores. *Tiburón* fue el primer film de la historia que rebasó los 100 millones de recaudación solo en el mercado norteamericano (129), superando a dos grandes éxitos como *El padrino* (86) y *El exorcista* (*The Exorcist*, William Friedkin, 1973), con 89. A los dos años será desbancado por los 193 millones de *La guerra de las galaxias* (*Star Wars*, George Lucas, 1977). Si el "high concept" es bueno, hay que explotarlo al máximo a través de secuelas. Aunque ya hemos visto que fue Coppola quien abrió el camino, la película de Spielberg daría lugar a cuatro secuelas: *Tiburón 2* (*Jaws 2*, Jeannot Szwarc, 1978), *Tiburón 3* (*Jaws 3-D*, Joe Alves, 1983) y *Tiburón: la venganza* (*Jaws: The Revenge*, Joseph Sargent, 1987).

d) El público es joven. Los adolescentes son los que más asisten a las salas, por eso los grandes estrenos deben ir dirigidos especialmente a ellos y coincidir con las vacaciones de verano. En los 80 se notará un aumento considerable de los personajes jóvenes o niños, de los efectos especiales y de los géneros fantástico, de ciencia ficción y de terror (cine de atracciones), con vistas a satisfacer los gustos de este tipo de espectador. *Tiburón* combinó la retórica del cine de catástrofes con el ambiente vacacional de las playas plagadas de adolescentes y el terror provocado por los ataques del tiburón, creando con ello el tipo de producto que pronto será profusamente explotado en los multicines de los centros comerciales.

En definitiva, *Tiburón* abrió la "era del blockbuster" en Hollywood.

2.3. Steven Spielberg y Duel: El camino del éxito

2.3.1. De las "home movies" a la Universal

Los primeros contactos de Steven Spielberg (Cincinnati, Ohio, 1946) con la realización cinematográfica se remontan a su infancia, cuando a los diez u once años comenzó a utilizar la cámara de 8 mm. de su padre. Las horas pasadas frente a la televisión (viendo series de misterio y fantasía, como *The Twilight Zone,* y de dibujos animados, como *The Bugs Bunny Show*), así como la asistencia, cada vez con mayor frecuencia, a las salas de cine (le impactaron mucho las películas de Disney, las de ciencia ficción y *Lawrence de Arabia* [*Lawrence of Arabia*, David Lean, 1962]), sirvieron para apuntalar el aprendizaje del futuro cineasta y definir sus gustos.

De las "home movies" de este periodo, los biógrafos de Spielberg suelen destacar tres. La primera es un sencillo western de nueve minutos titulado *The Last Gun* (1958), que en su día le valió una insignia de los "boy scouts". Después viene *Escape to Nowhere* (1962), sobre un escuadrón de soldados norteamericanos que escapan del ejército alemán en el norte de África (de unos 40 minutos), que ganó el primer premio de un concurso de cine aficionado, el Canyon Film Festival de Arizona[16]. Y por último, su película más ambiciosa, una de ciencia

16 Una anécdota nos permite calibrar el ingenio del joven cineasta amateur a la hora de resolver las constantes limitaciones materiales: como para la escena de un desfile solo había dos cascos disponibles, Spielberg hizo pasar a los soldados ante la cámara por parejas, de manera que en cuanto salían de campo pasaban los cascos a los siguientes de la fila.

ficción, *Firelight* (1964), que narra la historia de unos científicos que investigan unas luces del espacio, cuyo montaje final fue de 135 minutos (¡!). El joven Steven pidió dinero prestado a su padre (que ya había invertido más de 300 dólares en el film) para alquilar una sala de cine donde proyectar su obra, y ¡acudió al estreno en limusina![17].

En 1964 la familia Spielberg trasladó su residencia de Scottsdale (Phoenix, Arizona) a Saratoga (California). Steven se graduó al año siguiente con la intención de estudiar cine en la University of Southern California, pero sus mediocres calificaciones lo relegaron al programa de Lengua y literatura inglesa del Californian State College en Long Beach. No obstante, aprovechaba cualquier ocasión para mostrar sus películas de aficionado en 8 y 16 mm. Fue así como llamó la atención de Dennis Hoffman, propietario de una compañía óptica, que en 1968 accedió a financiarle *Amblin'*, un cortometraje de 26 minutos en 35 mm. cuyo presupuesto final ascendió a 20.000 dólares. El film, escrito por el propio Spielberg, cuenta la historia de una pareja de jóvenes que viajan haciendo autostop desde el desierto de Mojave hasta la costa de California, incorporando diversos rasgos del estilo New Hollywood: rodaje en escenarios naturales, estructura episódica propia de la road movie, uso del zoom, montaje sincopado, congelado de la imagen y experimentación con el sonido. El director combina la (casi omnipresente) música de acompañamiento con determinados sonidos diegéticos (como el ruido de los coches al pasar) sin incluir diálogos, logrando una curiosa banda sonora que transmite el estado de ánimo de los personajes al espectador.

Spielberg presentó *Amblin'* en varios estudios y ese mismo año la vio Sid Sheinberg, jefe de la división televisiva de la Universal[18]. El ejecutivo le ofreció un contrato de siete años para dirigir telefilms, con la opción de saltar al cine. A Steven le sobró tiempo para abandonar sus estudios universitarios y embarcarse en la nueva aventura.

17 La recaudación le permitiría devolver el préstamo, aunque lógicamente solo asistieran amigos y familiares de los participantes en la película.

18 Posteriormente, el cortometraje obtuvo un premio en el II Festival de Cine de Atlanta (1969) y tuvo una buena trayectoria, pero no fue nominado a los Oscar.

2.3.2. El tedio de la televisión

Aunque las características de New Hollywood estaban ya presentes en el cine cuando Spielberg inicia su andadura en la Universal, debemos tener en cuenta que la televisión es un medio históricamente mucho más conservador. Los telefilms producidos por los estudios para la pequeña pantalla debían cumplir con tres reglas de oro: coherencia narrativa, economía expositiva y temática recurrente en torno al suspense, el terror o el melodrama. Este conservadurismo se explica principalmente por imposiciones comerciales, como la duración prefijada de los programas, la obligación de insertar publicidad en el texto audiovisual o la necesidad de captar al espectador medio americano, aquel que llega cansado del trabajo a su domicilio y desea contemplar algún programa que lo entretenga sin hacerle pensar demasiado.

El debut televisivo de Spielberg fue "Eyes", segunda historia del episodio piloto de la serie *Night Gallery* (formado por tres)[19]. Todos los integrantes del equipo técnico y artístico contaban con mucha más experiencia que Spielberg, y por ello se sentían con pleno derecho para cuestionar sus decisiones. Entre muchas otras cosas, no se le permitió variar ni una sola coma del guión de (su admirado) Rod Serling (autor de la mítica *The Twilight Zone*).

Tras esta decepcionante primera experiencia, Spielberg quiso dimitir, pero Sheinberg lo convenció de que simplemente se tomara unas vacaciones. Intentó entonces poner en marcha varios proyectos cinematográficos. Vendió una historia sobre aviadores de los años 20 a la Fox, pero no consiguió dirigirla. *Ace Eli and Rodger of the Skies* (John Erman, 1973) le proporcionó su primer crédito cinematográfico. Pero la cruda realidad pronto lo devolvió a su contrato con la Universal, y a la realización de siete capítulos para seis telefilms (*Marcus Welby M.D.*, *Night Gallery*, *The Name of the Game*, *The Psychiatrist*, *Columbo* y *Owen Marshall: Counselor at Law*), estrenados entre marzo de 1970 y septiembre de 1971.

19 La duración total del piloto fue de 95 minutos. El episodio de Spielberg duraba 26. Los otros dos, el de apertura y cierre respectivamente, fueron "The Cementery" (Boris Sagal) y "Escape Route" (Barry Shear). Universal produjo el piloto para la cadena CBS, que lo estrenó el 8 de noviembre de 1969.

En estos primeros trabajos de Spielberg se observa ya claramente su habilidad para filmar planos de gran pureza audiovisual, que sintetizan diversos elementos narrativos sin recurrir al diálogo y gracias al movimiento de la cámara. Detengámonos solo en un ejemplo: el inicio de "Murder by the Book" (1971). El primer capítulo de la primera temporada de *Columbo* se abre con el plano general de un coche que circula por la calzada y el sonido de fondo de una máquina de escribir. A continuación la cámara realiza una compleja trayectoria combinada de zoom y travelling de retroceso que nos permite comprobar que nos encontramos en el interior de un despacho, así como descubrir la fuente del sonido (inicialmente oculta). Contemplamos entonces a un escritor terminando su última novela de misterio: se trata de la víctima de la historia, ya que más adelante será asesinado por el personaje que llega en el coche, su socio y colaborador. Con este alambicado plano, Spielberg subraya que el relato audiovisual tiene su origen en la máquina de escribir del escritor o del guionista, pero también prefigura la fuente de inspiración del asesino: una antigua idea de la víctima que, probablemente, aparezca en su última novela (un "asesinato de acuerdo con el libro", como reza el título del capítulo).

2.3.3. Duel: la oportunidad para despuntar

Existen diversas versiones sobre cómo llegó *Duel* a Steven Spielberg, y no son pocos los aspectos relacionados con el desarrollo del proyecto que varían de obra en obra. Las principales fuentes de que disponemos son dos: la biografía de McBride (por considerarla la más exhaustiva y fiable) y las declaraciones del propio Spielberg hechas públicas en revistas o documentales[20].

Steven Spielberg siempre cuenta que fue su secretaria Nona Tyson quien le mostró "Duel", un relato de Richard Matheson publicado en el *Playboy* de abril de 1971 cuyos derechos eran propiedad de la Universal. La verdad es que para ese momento (la primavera o, como mucho, el inicio del verano de 1971) el proyecto se encontraba ya en preproducción, con George Eckstein al frente. Este guionista

20 Desgraciadamente, muchas monografías toman por ciertas estas "historias y anécdotas" sin contrastarlas.

y productor de series de éxito como *The Fugitive* o *The Name of the Game*, que en 1971 produjo un total de cuatro "TV movies" para la Universal[21], había contratado al propio Matheson para que escribiese el guión. Spielberg visitó el despacho de Eckstein justo en el momento idóneo (seguramente tras haber leído ese guión[22]), cuando el productor buscaba a alguien que dirigiese *Duel*. Conocedor del aprecio que Sheinberg sentía por la joven promesa de la división televisiva del estudio, Eckstein le encomendó en seguida el trabajo.

Nada más verse "al frente" del proyecto, Spielberg intentó que *Duel* se convirtiese en su ansiado debut cinematográfico. La Universal lo condicionó a la presencia de Gregory Peck en el papel protagonista, pero la veterana estrella de Hollywood rechazó el proyecto. Entonces Eckstein le llevó *Duel* a Barry Diller, el vicepresidente de ABC encargado de las películas para televisión, y ambos firmaron el contrato tipo habitual en estos casos: *Duel* se pasaría dos veces en ABC, que cubría los costes de producción y recibía sus beneficios de la publicidad intercalada en el programa; después los derechos de explotación volverían a la Universal (Gomery, 1989: 71). Desde la firma del contrato, el desarrollo del proyecto quedaba bajo la supervisión de dos plantillas diferentes de ejecutivos, una del lado de la cadena y otra del lado del estudio. Inicialmente Diller dudó de que el argumento de *Duel* diese para una "TV movie", pero tras ver una muestra del trabajo de Spielberg (el episodio de *The Psychiatrist* titulado "Par for the Course") firmó el contrato encantado (McBride, 1999: 201).

Un rasgo esencial que diferencia la "TV movie" del film cinematográfico es la limitación del tiempo y el presupuesto, por lo que las fases de elaboración de la película (preproducción, rodaje y postproducción) se acortan mucho: no hay ensayos, el guión es seguido fielmente por

21 Las cuatro estrenadas en el programa de los sábados por la noche de ABC "Movie of the Weekend", a saber: *Death Takes Hollyday*, el 23 de octubre; *A little Game*, el 30 de octubre; *Duel*, el 13 de noviembre; y *The Failing of Raymond*, el 27 de noviembre.

22 Véase McBride (1999: 200) y Baxter (1998: 74). Según este último, un amigo en el departamento de correo interno de la Universal se lo pasó. No obstante, resulta conveniente tener en cuenta que la obra de Baxter está plagada de errores e imprecisiones. Spielberg, sin embargo, dice que lo leyó después de conocer al productor. Véase el documental *"Duel": A conversation with Steven Spielberg* (Laurent Bouzereau, 2001), que aparece en los extras de la edición en DVD de la película (Universal, 2004).

el director y no se suelen rodar tomas adicionales. *Duel* costó unos 400.000 dólares, el presupuesto habitual de las "made-for-television" de ABC[23]. Sus exteriores se localizaron en las carreteras surcadas por áridos cañones del Sur de California (Route 14 y Soledad Canyon Road), no muy lejos de los escenarios donde Spielberg rodó *Amblin'*. El tiempo de producción se fijó inicialmente en 14 días (entre mediados de septiembre y principios de octubre).

Spielberg concebía *Duel* como Eckstein, con la narración plenamente focalizada en el punto de vista del personaje protagonista (David Mann), pero consideraba innecesarios los monólogos interiores y casi todos los diálogos presentes en el guión de Matheson. Diller no cedió un ápice en este terreno, argumentando que eran un apoyo necesario para el espectador televisivo. No obstante, Spielberg eliminó todos los que pudo.

El equipo técnico que se seleccionó para la película estaba compuesto por veteranos profesionales del cine y la televisión, como Wallace Worsley (director de producción), Jack A. Marta (director de fotografía), Billy Goldenberg (compositor) o Cary Loftin y Dale Van Sickle (especialistas). Estos dos últimos formaban la mejor pareja de expertos en conducción peligrosa de Hollywood; eran responsables, por ejemplo, de la famosa persecución de *Bullitt* (Peter Yates, 1968).

La selección del protagonista no fue tarea fácil. Varios actores más rechazaron el papel tras la negativa de Gregory Peck, entre ellos David Janssen y Dustin Hoffman. Finalmente se confió en una estrella televisiva del momento, Dennis Weaver, comprometido con la Universal en la serie *McCloud*. Spielberg, siempre obsesionado con la gran pantalla, lo recordaba como el desequilibrado conserje de *Sed de mal* (*Touch of Evil*, Orson Welles, 1956), según él una especie de prefiguración del personaje creado por Matheson.

También resultaba prioritario elegir el camión adecuado, el otro gran protagonista de la película por derecho propio. Spielberg se decantó por el más antiguo y peor conservado de todos los que le presentaron,

23 Esta cifra varía de obra en obra, aunque todas las monografías consultadas apuntan cantidades comprendidas entre los 375.000 y los 450.000 dólares. McBride (1999: 202), sin embargo, indica que esas cantidades se corresponden con la versión de Spielberg y que, según Eckstein, *Duel* costó 750.000 dólares.

un Peterbilt 281 de 1956[24]. No quería un camión moderno de perfil recto, sin morro, sino un vehículo dotado de rostro humano (luego hizo que le añadiesen un depósito a cada lado de la parte inferior de la cabina a modo de orejas). Para potenciar la apariencia monstruosa del camión, le dieron una gruesa capa de pintura marrón y ensuciaron la luna delantera y el radiador con bichos muertos (también para que no se viese con claridad su interior). Un último detalle le confería el rango de auténtico "asesino de la carretera": en lugar de una matrícula, se decidió ponerle varias, todas las de sus víctimas[25].

Durante la fase de producción, Spielberg desplegó todo su ingenio para que la película se adaptase lo más posible a sus intereses, intentando esquivar algunas de las imposiciones del estudio. Un primer problema surgió justo antes de iniciarse el rodaje. El director de producción, Wallace Worsley, daba por supuesto que los planos de Dennis Weaver al volante y los planos cortos del camión se harían en el estudio, utilizando la transparencia, como era habitual en la serie B y la televisión. Spielberg, acérrimo defensor del estilo New Hollywood, quería que todo se hiciera en escenarios naturales, así que tuvo que demostrarle a Worsley que era capaz de rodar según sus reglas sin desviarse del plan previsto[26].

Para poder cumplir con un calendario tan ajustado (14 días), dibujó un inmenso mapa aéreo en el que aparecían marcados todos los episodios del guión en el punto exacto de la carretera donde debían ser filmados (un trayecto parecido al de *Amblin'*, aunque en sentido contrario: de la costa al desierto). El director lo tenía colgado en la pared de su habitación para poder planificar el trabajo de cada día (con los tradicionales dibujos de "story board", ya empleados en sus trabajos televisivos anteriores).

---

24 El vehículo estaba tan viejo que durante el rodaje Spielberg se vio obligado a solicitar otro camión de repuesto: un Peterbilt 281 de 1960, que todavía hoy se conserva. Véase *The Surviving Duel Truck*.

25 El coche de David Mann debía ser rojo, para que contrastase claramente con el medio desértico de tonos marrones en el que se confundía el camión. Se eligió un Plymouth Valiant de 1970. Puede verse el documental ya mencionado *"Duel": A conversation with Steven Spielberg*.

26 Ibidem.

Al gran plano hay que añadirle otros trucos, deudores sin duda de sus experiencias acumuladas como cineasta amateur: se utilizaron cinco cámaras de forma simultánea para obtener varias series de planos del coche y el camión por la carretera (colocándolas en una dirección primero y luego en la contraria), para simular que el camión circulaba a gran velocidad se recurrió a filmarlo casi a ras de suelo y contra el paisaje (con los riscos de fondo), las dificultades de rodar en escenarios naturales de reducidas dimensiones (el coche de David Mann, la primera gasolinera, el café de Chuck) se superaron gracias al uso indiscriminado de objetivos de gran angular. En el rodaje de las persecuciones jugó un papel esencial la habilidad del equipo de especialistas: Cary Loftin condujo el camión y Dale Van Sickel dobló a Dennis Weaver al volante del Plymouth Valiant rojo en las escenas más arriesgadas. Aunque Spielberg no pudo cumplir con el calendario previsto, solo se demoró en dos días.

La secuencia de la destrucción del camión se rodó la última jornada (el 4 de octubre). Eckstein logró convencer a los ejecutivos de ABC para que se variase el guión de Matheson y se suprimiese el estallido del vehículo, ya que Spielberg quería filmar la lenta agonía del "monstruo". No en vano luego decidió incorporar a la mezcla de sonido para acompañar esas imágenes el rugido distorsionado del célebre hombre-reptil de *La mujer y el monstruo* (*The Creature from the Black Lagoon*, Jack Arnold, 1954), el clásico de terror de la Universal (en *Tiburón* aparece el mismo sonido acompañando la muerte del escualo). Se situaron seis cámaras en diferentes emplazamientos con la finalidad de disponer luego de suficiente material. Loftin consiguió mantener la dirección del camión hacia el barranco y saltar en el último momento. Aunque en la sala de montaje cortaron justo en el punto exacto para que no se le vea, no pudieron "borrar" la puerta abierta, como si el conductor hubiese logrado salvarse de cara a una posible secuela (algo para nada intencionado). Según Baxter (1998: 79):

> Como precaución contra los conductores que se dormían al volante, el camión tenía un mecanismo llamado «la Mano del Hombre Muerto» que apagaba el motor si se reducía la presión en el volante. Ya que Loftin tenía que saltar justo antes de la colisión, obstruyó el control amarrándolo con una cuerda, pero cuando estaba preparado para saltar, para dejar que el camión acelerase hasta el precipicio, la cuerda se deshizo. No le quedó otra alternativa que conducir el vehículo hasta casi el borde antes de saltar.

Existen más faltas de "raccord" o "gazapos" en la película (las iremos localizando a lo largo del análisis), como la presencia de Spielberg en campo en varias ocasiones.

La postproducción de *Duel* se hizo a marchas forzadas, ya que la "TV movie" tenía que emitirse en noviembre. Por eso Frank Morriss contó con la ayuda de cuatro montadores más y Spielberg se desplazaba en patines de una sala a otra para no perder ni un minuto.

Eckstein y Diller quedaron muy satisfechos con el resultado final. Sin duda el estudio consideraba *Duel* un producto de primera categoría (léase cinematográfico), valorando de forma especial la habilidad demostrada por su director. Enseguida se lanzaron a promocionar la película por todo lo alto, organizando un preestreno para la prensa especializada (algo nada frecuente tratándose de una "TV movie") y otro para los estudiantes de cine del Claremont College. Un artículo firmado por Cecil Smith definía *Duel* como "absolutamente una experiencia cinematográfica"[27] en *Los Angeles Times* del 8 de noviembre. Sobre Spielberg, el columnista de televisión escribía lo siguiente: "A los 24 años parece que tiene 14 y habla de cine como un contemporáneo de John Ford. Lleva haciendo películas toda su vida". El día 12 toda la prensa especializada de Hollywood contenía la publicidad del estreno televisivo de *Duel*. El anuncio, a toda página, presentaba una composición muy impactante, con la imagen del descomunal camión acechando a un aterrado Dennis Weaver. Sobre ella se podía leer: "Le invitamos a una experiencia televisiva única", proposición avalada por la firma de Spielberg, Eckstein, Matheson y Goldenberg (McBride, 1999: 206)[28].

Duel se estrenó el sábado 13 de noviembre en ABC, dentro del espacio "Movie of the Weekend", de 20:30 a 22:00 (sin la cabecera y los cortes publicitarios, la película duraba 74 minutos). No disponemos de datos sobre su cuota de pantalla –según McBride (1999: 206) fue solo

27 La traducción de las citas de obras en otros idiomas es siempre nuestra.

28 Nótese cómo la publicidad cumple perfectamente el principio del "high concept", que unos años más tarde fue implantado en el cine por la Universal con *Tiburón*. Sobre todo resulta llamativo el parecido entre las imágenes promocionales utilizadas para vender los productos: aquí el protagonista acosado por el monstruoso camión, allí el descomunal escualo que emerge hacia la bañista. Volveremos sobre las similitudes entre *Duel* y *Tiburón* más adelante.

moderadamente buena–, pero sabemos que la temporada anterior (1970-1971) la "Movie of the Week" de los martes alcanzó el sexto lugar en la lista de los 30 programas más vistos (25,1 share y 15.085.100 espectadores); por eso ABC creó un espacio similar para la noche de los sábados ("Movie of the Weekend") de la temporada siguiente (Karol, 2005: 22-23 y 25). Era el triunfo absoluto de la estrategia de marketing del "high concept" ideada por Diller.

La semana siguiente al estreno televisivo de *Duel,* Spielberg tenía su despacho decorado con las ofertas para dirigir cine de varios estudios. Las buenas críticas y la admiración de la industria dieron, por fin, un sentido a todos aquellos tediosos trabajos televisivos. Además, en 1972 *Duel* obtuvo algunos otros reconocimientos importantes: dos nominaciones en los Emmy, Mejor fotografía y Mejor montaje de sonido/efectos sonoros (ganó el segundo); una nominación en los Globos de Oro como Mejor película para televisión, y una Mención especial en el XII Festival de Televisión de Montecarlo (Mónaco). A finales de 1971, estaba claro que habría un antes y un después (de *Duel*) en la carrera de Spielberg, pero, por lo pronto, la realidad era otra bien distinta, y sus obligaciones contractuales con la Universal lo situaban al frente de otra "TV movie", *Something Evil.* Aunque no era su ansiado debut cinematográfico, el director afrontó con entusiasmo la historia de una familia que es acosada por una fuerza diabólica, adelantándose en dos años al estreno del éxito de la Warner *El exorcista*. Una década más tarde, Spielberg escribió y produjo *Poltergeist (Fenómenos extraños)* (*Poltergeist,* Tobe Hooper, 1982). *Something Evil* se estrenó el 21 de enero de 1972, dentro del espacio "Friday Night Movie" de CBS.

Para entonces, una película de acción interpretada por Burt Reynolds, *Los traficantes* (*White Lightning*, Joseph Sargent, 1973), se anunciaba como su inminente debut cinematográfico. Spielberg manejó algún otro proyecto, como la comedia *California Split* (Robert Altman, 1974), pero pronto concentraría todos sus esfuerzos en un antiguo proyecto suyo, la historia (sucedida en 1969) de una pareja huida de la policía que busca recuperar la custodia de su hijo, en colaboración con dos antiguos amigos de la universidad (Hal Barwood y Matt Robbins). Aunque *Loca Evasión* (*The Sugarland Express*, 1974) fue aceptada por la Universal en abril, por el momento quedó paralizada.

Spielberg esperaba que alguno de sus proyectos prosperase cuando MCA decidió lanzar *Duel* al mercado cinematográfico extranjero (Europa, Australia y Japón). Aunque desconocemos la fecha exacta, creemos que esta decisión no se debió tomar de forma inmediata al pase por la pequeña pantalla de la "TV movie", porque CIC exigía un mínimo de 90 minutos para el lanzamiento de una película fuera de EE UU y *Duel* sólo duraba 74. La Universal invirtió 100.000 dólares (fue necesario, por ejemplo, conseguir nuevos vehículos; para doblar al camión se seleccionó un Peterbilt 351 de 1964) y tres días en el rodaje de cuatro nuevas secuencias dirigidas por Spielberg, aunque él sólo escribió dos (secuencia inicial de los créditos, ataque del camión en el paso a nivel), las otras dos son de Eckstein (llamada a casa desde la primera gasolinera, intento de ayuda al autobús escolar). El director volvió a intentar sin éxito que se suprimiesen los monólogos interiores del protagonista. Las proporciones del formato televisivo (1.33:1) se cambiaron por las más cinematográficas 1.85:1, con la consiguiente pérdida de calidad de la imagen.

Duel llegó a Londres en otoño de 1972. El interés mostrado desde el principio por Dilys Powell, crítica cinematográfica de *The Sunday Times*, hizo que su paso por la capital inglesa fuese menos anecdótico de lo previsto. En el resto de Europa se estrenó en 1973 (el 5 de noviembre en Madrid). El título original de Matheson, que resumía en una sola palabra el "concept" del film, fue respetado en Francia, Italia o la República Federal de Alemania (en inglés o traducido); en otros casos el cambio fue radical, como en España (*El diablo sobre ruedas*) o Portugal (*Um assassino pelas costas*). Spielberg salió por primera vez al extranjero con ocasión de la gira promocional de su ópera prima, y obtuvo los halagos de colegas tan prestigiosos como David Lean y François Truffaut. En Italia, los críticos de izquierdas entendieron la película como una parábola sobre la lucha entre burguesía y proletariado, interpretación que Spielberg se apresuró a rechazar[29]. *El diablo sobre*

29 En septiembre de 1973 apareció publicado en *Variety* que el director entendía la película como una condena de las máquinas y una lucha por la supervivencia del hombre contra la mecanización (McBride, 1999: 207). Más recientemente Spielberg ha dicho: "Hice una Road Movie equivalente a *Sólo ante el peligro* (*High Noon*, Fred Zinnemann, 1952). Los europeos veían un simbolismo esotérico y abstracto sobre la guerra de clases en EE UU" (documental ya mencionado *"Duel": A conversation with Steven Spielberg*).

ruedas cosechó algunos galardones importantes como el Gran premio en el I Festival de Cine Fantástico de Avoriaz (Francia) y el Gariddi d'Oro a la mejor ópera prima en el XIX Festival de Cine de Taormina (Italia), y su recaudación superó los 8 millones de dólares, convirtiéndose de inmediato en una película de culto (aunque a las salas estadounidenses no llegó hasta abril de 1983).

En 1973, Steven Spielberg hizo su última "TV movie" por imposición de la Universal: *Savage* (estrenada el 31 de marzo en NBC).

2.4. *El diablo sobre ruedas* dentro de la filmografía de Spielberg

El diablo sobre ruedas es la ópera prima de Steven Spielberg y su primera adaptación literaria (aunque cuando se incorporó al proyecto el guión ya estaba cerrado). Pocos años después colaboró en el tedioso proceso de adaptación de la novela de Peter Benchley para *Tiburón*, pero entre 1975 y 1985 sólo dirigió guiones originales. *El color púrpura* (*The Color Purple*, 1985), además de su vuelta a la adaptación literaria, inaugura la vía del drama "de calidad" dentro de su filmografía, por la que el cineasta transitará sólo ocasionalmente, pues su interés por los géneros populares (sobre todo ciencia-ficción, fantástico y aventuras) no ha decaído hasta el momento.

Si hubiese que meter *El diablo sobre ruedas* en uno de estos dos cajones, el de las películas "serias" o el de las "de entretenimiento", con *La lista de Schindler* (*Schindler's List*, 1993) o con *Parque Jurásico* (*Jurassic Park*, 1993), la incluiríamos sin dudarlo con los dinosaurios. La película ha sido acertadamente definida por gran parte de la crítica como un antecedente directo de *Tiburón*. Seguramente Zanuck & Brown (los productores), la Universal (el estudio) y el propio Spielberg (el director) compartieron esa percepción desde el principio:

> A Spielberg le preocupaba que el proyecto [*Tiburón*] fuera demasiado comercial. Recuerda el director: "Yo no sabía quién era. Quería hacer una película que dejara una impronta, pero no en las taquillas, sino en la conciencia del público. [...] Y pensaba: ¿Quién quiere ser famoso por haber dirigido una de tiburones y otra de camiones?". [...] Tras seis meses de preparativos, Spielberg estuvo otra vez a punto de retirarse. Tenía claro que Sheinberg [antiguo encargado de la división televisiva de Universal, en ese momento presidente

> de MCA] consideraba la película algo así como *El diablo sobre ruedas* pero con un tiburón en lugar de camión (Biskind, 2004: 340 y 342)[30].

De hecho, la última parte de *Tiburón* reproduce de forma mimética la situación planteada en *El diablo sobre ruedas*: el duelo, el enfrentamiento con una fuerza de comportamiento inexplicable, ya que el escualo (como el camión) actúa de forma errática, y de ser el perseguido pasa a ser el perseguidor (¡!). He aquí uno de los rasgos formales más propios del cine de Spielberg: el sacrificio de la coherencia narrativa en favor del impacto emocional sobre el espectador (el cine entendido como fábrica de sueños). El director elabora cada escena de la película con independencia del conjunto y la narración prospera más por la progresiva acumulación de una serie de elementos accesorios al relato (su parafernalia habitual) que por la lógica evolución de los acontecimientos o los personajes. En sus films "de entretenimiento" se observa siempre una clara discriminación (propia del cine de atracciones) entre grandes momentos (potenciados por los efectos visuales y la banda sonora) y escenas de transición. Para poder insertar con facilidad estas secuencias espectaculares dentro del discurso audiovisual, Spielberg suele adoptar una propuesta argumental que progresa en una sola dirección. Dos ejemplos muy conocidos de grandes momentos son el vuelo de las bicicletas (sobredimensionado por la música de John Williams) en *E.T., el extraterrestre* (*E.T.: The Extra-Terrestrial*, 1982) y la secuencia hiperrealista del desembarco de Normandía que abre *Salvar al soldado Ryan* (*Saving Private Ryan*, 1998). Esta falta de cohesión interna hace que sus películas sean muy dependientes de la solidez de un buen guión.

El diablo sobre ruedas es un ejemplo paradigmático de puesta en escena unidireccional y de sacrificio de la coherencia narrativa en favor del impacto emocional sobre el espectador, aunque lo segundo se logre gracias a una ajustada estructura de suspense que focaliza el relato en el personaje protagonista, y no por el (futuro) despliegue de efectos especiales (afortunadamente, la escasez de medios obligó al director a exprimir al máximo los recursos disponibles).

---

30 A ello hay que sumarle dos aspectos ya tratados: el paso del "high concept" televisivo al "high concept" cinematográfico (una estrategia del estudio) y la presencia del mismo alarido para acompañar la muerte de los dos "monstruos" (una autocita de Spielberg).

En cuanto a los rasgos temáticos del cine de Spielberg que apunta *El diablo sobre ruedas,* vamos a centrarnos solamente en los dos que consideramos más relevantes.

El primero es lo que podríamos denominar su estructura recurrente básica, propia de las películas de entretenimiento familiar (de fantasía, ciencia-ficción y aventuras): un personaje sencillo (Indiana Jones sería la excepción) inscrito en un contexto cotidiano (preferentemente los suburbios de una gran ciudad) se ve envuelto en circunstancias extraordinarias, como la llegada de los extraterrestres en *Encuentros en la tercera fase* (*Close Encounters of the Third Kind*, 1977), *E.T., el extraterrestre* y *La guerra de los mundos* (*War of the Worlds*, 2005), o la recuperación genética de los dinosaurios en *Parque Jurásico* y *El mundo perdido* (*The Lost World: Jurassic Park*, 1997). Esta estructura funciona también en películas donde la ruptura de la cotidianidad no se produce de una forma tan llamativa, como *El diablo sobre ruedas* o *Tiburón*.

El segundo es la reiterada presencia de hombres inmaduros en sus películas. Muchos críticos lo relacionan con la biografía del director, especialmente con el divorcio de sus padres. Durante los primeros 60, mientras el joven Steven avanzaba día a día en su formación como cineasta amateur, el matrimonio Spielberg se disolvía a la misma velocidad. Según parece su padre se volcaba en el trabajo desatendiendo las obligaciones familiares. La ruptura se produjo en 1964, al poco de llegar los Spielberg a Saratoga (California), y privó a Steven (con 17 años) de la única referencia masculina en un entorno mayoritariamente femenino, el formado por su madre y sus tres hermanas. Por eso en muchas de sus películas la figura paterna se encuentra desdibujada o cargada de connotaciones negativas: ignora a sus hijos, como en *Hook: El capitán Garfio* (*Hook*, 1991); se encuentra alejada de ellos, como en *El imperio del sol* (*The Empire of the Sun*, 1987), o los posterga a sus intereses profesionales, como en *El diablo sobre ruedas* y, sobre todo, *Indiana Jones y la última cruzada* (*Indiana Jones and the Last Crusade*, 1989). De todas maneras, a pesar del divorcio de sus padres, Spielberg siguió considerando la familia el medio idóneo para que crezcan los niños. Sin duda su vida anterior a 1964 se convirtió en un Edén, solo recuperable a través de los recuerdos o del cine: *Loca evasión*, su primera película para la pantalla grande, trata sobre una angustiosa y compleja, pero necesaria, reunión familiar (Sánchez-Escalonilla, 1995: 15-17).

Pomerance (2005) prefiere recurrir a las características de la sociedad actual para definir el arquetipo del "hombre-niño": si tradicionalmente el paso de la niñez a la edad adulta venía ejemplificado por el matrimonio y las obligaciones familiares, en la segunda mitad del siglo XX esta transición se hace cada vez más larga y difusa. Para él, tanto Spielberg (en su condición de joven cineasta prodigio), como los personajes masculinos de casi todas sus películas, son "hombres-niño". Un caso simbólico lo representa, sin duda, la presencia de Peter Pan en *Hook*. Podemos considerar a David Mann (aunque Pomerance no lo mencione), como el primer ejemplo de protagonista masculino inmaduro del cine de Spielberg (a lo largo del análisis y en el capítulo sobre la lectura psicoanalítica de la película abundaremos en el tema).

2.4.1. Filmografía completa de Spielberg como director

1. Producción amateur (parcial)

Año	Título	Guión
1958	*The Last Gun*	Original
1962	*Escape to Nowhere*	Original
1964	*Firelight*	Original
1968	*Amblin'*	Original

2. Televisión

Año	Título	Telefilm	Episodio	Temporada	Guión
1969	*"Eyes"* (1)	*Night Gallery*	*Piloto*	*Primera*	Original
1970	*"The Daredevil Gesture"*	*Marcus Welby, M.D*	*24*	*Primera*	Original
1971	*"Make Me Laugh"* (2)	*Night Gallery*	*4*	*Primera*	Original
1971	*"L.A. 2017"*	*The Name of the Game*	*16*	*Tercera*	Original

Año	Título	Telefilm	Episodio	Temporada	Guión
1971	*"The Private World of Martin Dalton"*	*The Psychiatrist*	*2*	*Primera*	Original
1971	*"Par for the Course"*	*The Psychiatrist*	*6*	*Primera*	Original
1971	*"Murder by the Book"*	*Columbo*	*1*	*Primera*	Original
1971	*"Eulogy for a Wide Receiver"*	*Owen Marshall: Counselor at Law*	*3*	*Primera*	Original
1971	*Duel*	*Película hecha para la televisión*			Adaptado
1972	*Something Evil*	*Película hecha para la televisión*			Original
1973	*Savage*	*Película hecha para la televisión*			Original
1985	*"Ghost Train"*	*Amazing Stories*	*1*	*Primera*	Original
1985	*"The Mission"*	*Amazing Stories*	*5*	*Primera*	Original

(1) "Eyes" es sólo un segmento del episodio piloto de *Night Gallery*
(2) "Make Me Laugh" es sólo un segmento del episodio 4 de *Night Gallery*

3. Cortometrajes

Año	Título	Guión
1999	*The Unfinished Journey*	Original
2008	*A Timeless Call*	Original

4. Largometrajes

Año	Título	Guión
1972	*Duel* (*El diablo sobre ruedas*)	Adaptado
1974	*The Sugarland Express* (*Loca evasión*)	Original
1975	*Jaws* (*Tiburón*)	Adaptado
1977	*Close Encounters of the Third Kind* (*Encuentros en la tercera fase*)	Original

Año	Título	Guión
1979	*1941*	Original
1981	*Raiders of the Lost Arc* (*En busca del arca perdida*)	Original
1982	*E.T., The Extra-Terrestrial* (*E.T., el extraterrestre*)	Original
1983	*The Twilight Zone: The Movie* (*En los límites de la realidad*) (1)	Original
1984	*Indiana Jones and the Temple of Doom* (*Indiana Jones y el templo maldito*)	Original
1985	*The Color Purple* (*El color púrpura*)	Adaptado
1987	*The Empire of the Sun* (*El imperio del sol*)	Adaptado
1989	*Indiana Jones and the Last Crusade* (*Indiana Jones y la última cruzada*)	Original
1989	*Always* (*Para siempre*)	Remake
1991	*Hook* (*Hook: El capitán Garfio*)	Adaptado
1993	*Jurassic Park* (*Parque jurásico*)	Adaptado
1993	*Schindler's List* (*La lista de Schindler*)	Adaptado
1997	*The Lost World: Jurassic Park* (*El mundo perdido*)	Adaptado
1997	*Amistad*	Original
1998	*Saving Private Ryan* (*Salvar al soldado Ryan*)	Original
2001	*Artificial Intelligence A.I.* (*A.I: Inteligencia Artificial*)	Original
2002	*Minority Report*	Adaptado
2002	*Catch Me If You Can* (*Atrápame si puedes*)	Adaptado
2004	*The Terminal* (*La terminal*)	Original
2005	*War of the Worlds* (*La guerra de los mundos*)	Adaptado
2007	*Munich*	Adaptado
2008	*Indiana Jones and the Kingdom of the Crystal Skull* (*Indiana Jones y el reino de la calavera de cristal*)	Original
2011	*The adventures of Tintin (Las aventuras de Tintín: el secreto del unicornio)*	Adaptado
2011	*War horse (Caballo de batalla)*	Adaptado
2012	*Lincoln*	Adaptado

(1) Spielberg es sólo responsable del segmento titulado: "Kick the Can"

3. Sinopsis argumental

David Mann abandona Los Angeles y para evitar los cortes del tráfico que anuncia la radio se desvía por carreteras secundarias. Un camión lo obliga a aminorar la velocidad, pero enseguida lo adelanta. El camión vuelve a tomar la delantera y el coche nuevamente a adelantar.

Los dos se detienen en una gasolinera. Mientras le ponen gasolina y revisan el motor, David Mann intenta ver, sin éxito, el rostro del conductor del camión. Después llama por teléfono a su mujer.

Ya en la carretera, el coche cede el paso y el camión toma la delantera, aminora la velocidad e impide un nuevo adelantamiento. Cuando por fin lo consiente, es una trampa, otro coche viene en dirección contraria y está a punto de producirse un choque frontal. David Mann, asustado, lo adelanta bruscamente. A continuación el camión lo acosa en una violenta persecución que lo obliga a salirse de la carretera a la altura del café de Chuck.

El protagonista entra en el café y recupera el ánimo, pero pronto descubre que el camión está aparcado fuera. Se sienta a almorzar y busca a su acosador. Se equivoca de hombre y hay una pequeña pelea. El camión arranca. David Mann sale corriendo del café pero no consigue ver al conductor.

Otra vez en la carretera. El coche se detiene para auxiliar a un autobús escolar averiado, pero no lo consigue. El camión se acerca y pone en marcha el autobús. El protagonista huye tomando la delantera. Mientras espera en un paso a nivel, aparece de nuevo el camión, que lo empuja contra la vía para que un tren lo arrolle.

David Mann se detiene en otra gasolinera e intenta llamar a la policía desde una cabina. El camión arremete contra ella y casi lo mata. Entonces decide abandonar. Aparca el coche y se queda dormido. El estrépito de un tren lo despierta repentinamente.

Vuelta a la carretera. Apenas iniciado el trayecto descubre que el camión lo espera aparcado en la cuneta. En un desesperado intento por conseguir ayuda, detiene un coche ocupado por dos ancianos y les pide que avisen a la policía, pero el camión los dispersa.

Por fin acepta el duelo, el camión le cede la delantera. El coche acelera con la esperanza de dejarlo atrás en el ascenso al puerto de

Soledad Canyon. Pero empieza a fallar el radiador y las distancias se acortan. Consigue llegar a la cima e iniciar el descenso con el camión pisándole los talones.

En una curva David Mann abandona la carretera y lleva el coche hasta el borde de un barranco. Allí bloquea con su maletín el pedal del acelerador, empuja el coche contra el camión, y salta. Se provoca un incendio y el camión se precipita. El duelo ha concluido. Tras un arranque de euforia infantil, David Mann se calma.

4. Estructura del film: Un combate a seis asaltos

Es imposible definir la estructura de *El diablo sobre ruedas* sin tener en cuenta su naturaleza televisiva, en concreto tres rasgos propios del telefilm:

a) La simplificación y nuclearización del relato, que se ve reducido a sus mínimos componentes ("high concept"): una fuerza A (camión) se opone a otra fuerza B (David Mann), ambas se enfrentan y B triunfa. La película presenta de forma directa y sin tapujos el enfrentamiento del hombre contra la máquina. Durante las persecuciones, de manera insistente, se contraponen planos del radiador o de la cisterna del camión a los del rostro angustiado de David Mann.

b) Una estructura narrativa vertebrada por los cortes publicitarios, elemento externo que determina las inflexiones del relato. La obligatoriedad de unas pausas prefijadas fuerza al guionista a romper la división propia del cine clásico (planteamiento, nudo y desenlace) y establecer seis bloques dramáticos. Evidentemente, los añadidos de la versión cinematográfica (1972) alteraron el equilibrio original de la "TV movie" (1971).

c) Un discurso audiovisual que economiza al máximo sus recursos repitiendo de forma constante situaciones y motivos para que resulte accesible (coherente) a cualquier tipo de espectador. La película explota hasta la saciedad el esquema narrativo del "gato que persigue al ratón", tan característico de la animación televisiva (muy apreciada por Spielberg), como *The Road Runner Show* de Chuck Close.

En el siguiente cuadro presentamos la división en actos de *El diablo sobre ruedas* tomada del guión de Matheson, publicado en Bradley (2004), así como la subdivisión en secuencias del film que proponemos.

		Secuencia
		• Logotipo de la Universal (añadido cinematográfico)
Acto I		• ¿En el asiento del conductor? (añadido cinematográfico) • En la carretera: aparece el camión. Los dos primeros adelantamientos • La primera gasolinera. Llamada a casa (añadido cinematográfico) • De nuevo en la carretera: un intento de adelantamiento casi mortal
Acto II		• El tercer adelantamiento • La persecución hasta el café de Chuck
Acto III		• Primer contacto para pedir ayuda (los viejos)
Acto III	En el café de Chuck	• La recuperación tras el acoso y... ¡el camión está ahí fuera! • Análisis de la situación y búsqueda de soluciones • La puesta en práctica: conversación y pelea • ¡Ése no era! y... el camión se va
Acto IV		• Adiós al café de Chuck • El autobús escolar (añadido cinematográfico) • Ataque en el paso a nivel (añadido cinematográfico) • Intento de pedir ayuda en la segunda gasolinera y nuevo ataque asesino
Acto V		• La siesta • El reto: las vacilaciones de Mann
Acto VI		• La aceptación del reto: "el ratón escapa del gato" • El manguito del radiador: "el gato acecha al ratón" • La confrontación final • El resultado de la victoria

Los actos I y II concentran el planteamiento de la historia: presentación del protagonista y del conflicto; los dos concluyen, después de un pico de intensidad dramática (clímax), cuando el espectador sabe que David Mann ha sobrevivido al ataque del camión. Las pausas publicitarias de la "TV movie" original facilitaban su recuperación anímica.

El nudo ocupa los actos III, IV y V. La llegada al café de Chuck marca su inicio: por primera vez David Mann toma conciencia de su situación e intenta, sin éxito, resolverla. A partir de este momento los ataques del camión serán cada vez más agresivos y constantes. El acto III concluye cuando el protagonista ve a través de la ventana del café cómo el camión se pone en marcha, dejando en suspenso al espectador. El IV se abre con un pequeño clímax, cuando David Mann sale del café corriendo pero no alcanza al camión, y acaba como los dos primeros, tras superar el protagonista un ataque del camión (nuevo y merecido descanso para el espectador). Y el V, otra vez en plena escalada de tensión dramática, cuando Mann acepta el duelo, poniendo fin al nudo y dejando al espectador al borde de un ataque de nervios (el mensaje era: ¡no cambies ahora de canal!). El acto VI contiene el desenlace. El clímax se alcanza cuando el camión casi "caza" al coche porque a este se le ha roto el manguito del radiador, y concluye con la destrucción del primero. Un breve anticlímax cierra el relato.

El esquema del film es AABAB'A', resultado de combinar las repeticiones con pequeñas variaciones. La estructura de los actos I, II y IV está construida a partir del binomio encuentro/enfrentamiento. Todos los encuentros tienen en común que David Mann no acepta el reto (A). En el acto III el protagonista intenta resolver la situación; por primera vez es él quien toma la iniciativa (B). El acto V se caracteriza igualmente por la búsqueda de soluciones: dormir hasta que el camión se distancie y, por último, aceptar el desafío (B'). Y el acto VI repite el binomio encuentro/enfrentamiento, con la variante de que en esta ocasión el enfrentamiento se resuelve de forma definitiva por la desaparición material de una de las dos partes (el camión) (A').

Los añadidos cinematográficos alteraron notablemente el equilibrio dramático del guión original de Matheson. Los dos del acto I (¿En el asiento del conductor? y Llamada a casa) interrumpen la escalada de tensión dramática para subrayar en exceso la caracterización del personaje (de dónde viene, cómo es). Más perjudiciales resultan, sin embargo, las dos secuencias consecutivas que se insertaron en el acto IV (El autobús escolar y Ataque en el paso a nivel), ya que introducen sendos picos de intensidad (clímax). Además, el episodio del autobús no es un ataque asesino (¿desafío?), mientras el del paso a nivel se produce de forma repentina, sin escalada alguna de tensión.

Hemos elaborado una gráfica comparativa donde se puede observar con claridad la evolución de la línea de interés del espectador en el film cinematográfico y en la "TV movie". Antes de su lectura deben tenerse en cuenta los siguientes aspectos: no reflejamos el incremento de metraje (en el eje de las abscisas) para que la simetría haga más visibles las similitudes y las diferencias; consideramos cerrados los actos de la versión televisiva para subrayar la discontinuidad que introducen las pausas publicitarias; y señalamos con línea discontinua los añadidos de la versión cinematográfica.

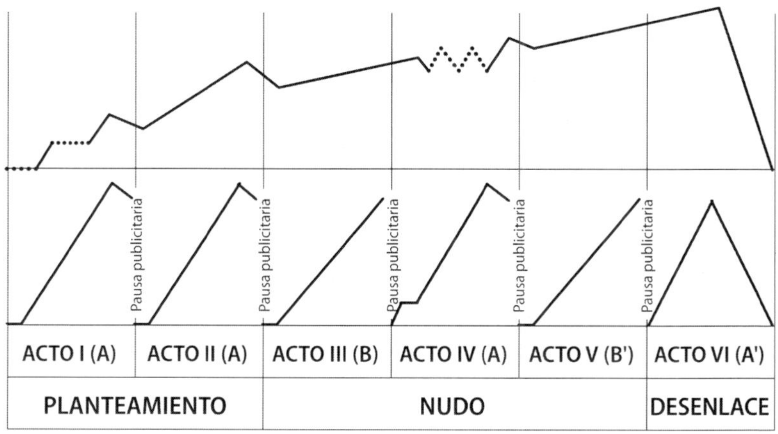

5. Análisis de la película

5.1. Logo de la Universal

0h. 00' 00"

La cámara viaja por el espacio hasta localizar el planeta tierra, sobre el que avanza y queda situado el nombre del estudio. El logo de la Universal, referencia explícita a la incuestionable difusión de sus películas, aparece acompañado de dos sonidos antagónicos que se superponen (enfrentan): el primero, grave y vibrante (algún tipo de gong); el segundo, agudo y desgarrador (producido por un sintetizador). La combinación sonora transmite inseguridad y desasosiego, anticipando el carácter del relato que está a punto de comenzar. En 5.3.11, cuando Mann descubre aterrado que su oponente lo espera en el arcén para empezar el duelo, suena una combinación de sonidos similar. Pero aún hay más: el sonido agudo reaparece en 5.2.6, durante la persecución hasta el café de Chuck, y sobre todo en 5.4.3 y 5.4.4, acompañando la destrucción final del camión y la euforia del protagonista; el grave reaparece en 5.3.2, cuando David Mann se asoma a la ventana del café y ve el camión aparcado fuera.

El gong aparece pues claramente asociado al camión ("golpe"), mientras el sintetizador expresa el impacto que su presencia produce en David Mann ("daño"). El "duelo" de ambos funciona como el auténtico "high concept" sonoro de la película.

5.2. Planteamiento

5.2.I. ¿En el asiento del conductor? 0h. 00'14"

El film se abre con la pantalla totalmente a oscuras y en situación de escucha acusmática, sin que resulte visible la fuente que emite el sonido (como el episodio de *Columbo*). El relato se articula solo sobre esta base y sin embargo conocemos en todo momento lo que sucede (la acusmática permite escuchar de forma más clara y objetiva): alguien se acerca, abre la puerta de un coche, la cierra y pone en marcha el motor. Por segunda vez dentro del primer minuto de película, nos enfrentamos con las cualidades del sonido en sí mismo, sin la "trampa" de la sincronización. Evidentemente la banda sonora va a ocupar un lugar privilegiado en este discurso audiovisual.

Pero ¿por qué no vemos? Enseguida se hace la luz y descubrimos que estamos en el centro mismo del relato, en el interior de un automóvil que, por la mañana, sale marcha atrás del garaje, salva el desnivel del arcén y avanza por la carretera (si antes los objetos se alejaban, ahora se acercan). Durante los quince primeros planos de la película, compartimos el punto de vista y escucha del conductor o, lo que es lo mismo, abandonamos una zona residencial suburbana, llegamos al centro de la ciudad (Downtown de Los Angeles, aunque no aparece indicado), salimos a la autopista y, finalmente, a la carretera. Pronto percibimos que la cámara está situada demasiado baja, muy próxima a la calzada. La angulación en ligero contrapicado y el uso de un objetivo de gran angular (de longitud focal corta) contribuyen a ampliar nuestro campo de visión, pero también a distorsionarlo, confiriéndole una dimensión fantasmal o claustrofóbica de corte expresionista: se nos transmite una visión deformada de la realidad, ¿el punto de vista de un perturbado? El relato se abría con el paso "de la oscuridad a la luz", quizás "no hayamos salido al exterior" más que en apariencia; por ahora se trata solo de un indicio, habrá que ver si se confirma.

Hay otra lectura posible, que consiste en identificar la posición de la cámara con el punto de vista del coche, idea de interesantes implicaciones psicosociológicas: el conductor se proyecta en su automóvil o, lo que es lo mismo, "cuando conducimos somos nuestro coche". Sin embargo, ante una actividad tan cotidiana como salir por la mañana en coche (seguramente con dirección al trabajo), es muy posible que todo esto pase completamente desapercibido para el espectador.

El conductor se entretiene cambiando de emisora en la radio del vehículo (el coche como prolongación del hogar): escucha información sobre el tráfico (quizás debido a los problemas de congestión decide coger carreteras secundarias) y el tiempo (las temperaturas, 24º [74 F] de máxima y 10º [50 F] de mínima son perfectamente compatibles con el mes del estreno televisivo de la película, noviembre, lo cual refuerza la identificación con el espectador), música, noticias deportivas y un programa de consultas a la Oficina del Censo (además de mucha publicidad). A partir del quinto plano comienzan a aparecer los títulos de crédito (sobreimpresos en amarillo). Se aprovechan la oscuridad y las dos líneas luminosas de tres de los cuatro túneles que atraviesa el coche para que destaquen y queden bien enmarcados el nombre del estudio, el título del film –que es "traducido" por una "voice over" como *El diablo sobre ruedas* en el doblaje español del film (primer túnel)–; el nombre del protagonista (segundo túnel), y los principales intérpretes (cuarto túnel; en el tercero, muy corto, no se incluyen créditos). Todo el segmento está montado con encadenados, para indicar que las elipsis de tiempo son muy breves (su uso canónico en el lenguaje cinematográfico).

En el plano dieciséis, por corte neto, se hace visible el vehículo (en la radio, un hombre llama para hacer una consulta sobre el formulario del censo); aparece tomado desde el margen derecho de la carretera con la cámara casi a ras de suelo, alineada detrás de una hilera de postes que soportan una alambrada, en el medio desolado y agreste que predomina desde que el vehículo abandonó la autopista. Es este un encuadre de innegable carácter simbólico, pues, por su composición, parece situar al coche en el cuadrilátero de un ring de boxeo. La alambrada de espinas puede leerse como una metonimia del calvario. El color rojo del coche contrasta con las diferentes tonalidades de ocre del paisaje y acentúa su condición de intruso, de presa. En definitiva, parece un anticipo del angustioso episodio al que pronto se va a enfrentar el protagonista.

5.2.2. En la carretera: aparece el camión. Los dos primeros adelantamientos

0h. 03' 37"

Por corte neto se pasa a un plano muy general del coche por la carretera. Este emerge por el lado izquierdo (aparece sobreimpreso el nombre del productor) respetándose, como mandan los cánones del montaje en continuidad, el "raccord" de dirección (en el plano dieciséis el vehículo salía por la derecha). El salto de escala en la planificación (probablemente la "TV movie" original comenzaba en este plano diecisiete del montaje cinematográfico) se ve también enmascarado porque continuamos escuchando el programa que emite la radio como si estuviésemos en el interior del coche (este desequilibrio evidencia a las claras la figura del narrador omnisciente).

A continuación se suceden una serie de planos generales descriptivos unidos por encadenados en los que el vehículo se pierde cada vez más en el paisaje (en el último, aparece sobreimpreso el nombre de Spielberg, con el que concluyen los títulos de crédito).

En la radio, el hombre explica sus dudas sobre cómo rellenar una casilla del formulario a la empleada de la Oficina del Distrito del Censo: "Verá, la pregunta en cuestión es... ¿es usted el cabeza de familia?";

luego cuenta que el día que se casó con su mujer ("con la que, por desgracia, llevo casado 25 años") perdió su posición como cabeza de familia: "[desde entonces] lo que hago es quedarme en casa, odio salir, tratar con la gente, pelearme por un ascenso y ese tipo de cosas... (en la versión original se recurre a la célebre expresión inglesa "rat race", algo premonitorio aunque seguramente fortuito) de modo que trabaja ella; yo me ocupo de la casa, del cuidado de los hijos y de todo lo demás".

Por corte neto (se impone desde ahora este "signo de puntuación"), se pasa a un plano de la carretera tomado desde el interior del coche que parece subjetivo, pero la cámara asciende y muestra un plano detalle del retrovisor interior, en el que aparece la primera imagen parcial del conductor: unos ojos, tras unas gafas tornasoladas en marrón, miran hacia abajo. A continuación, y también por primera vez, vemos la radio ("raccord" de mirada) y, de nuevo, el retrovisor. Por fin descubrimos el rostro completo del protagonista, en plano medio corto, que escucha atentamente la prolija disertación del hombre que no sabe cómo rellenar una casilla del censo: "la verdad es que no soy el cabeza de familia (head of the family), sin embargo soy el hombre de la casa (man of the family), aunque algunos de mis vecinos lo pondrían en entredicho (although there are people who would question that)". El conductor mira el reloj de su muñeca, sin duda tiene prisa por llegar a alguna reunión de trabajo. En el siguiente plano lo vemos de perfil, agarrando rígidamente el volante con las dos manos. Una panorámica muestra el paso del coche por la carretera. La empleada del censo responde por fin a la espinosa pregunta del radioyente: "Bueno, si no se considera el cabeza de familia y opina que su esposa ocupa esa posición, le sugiero que ponga el nombre de ella".

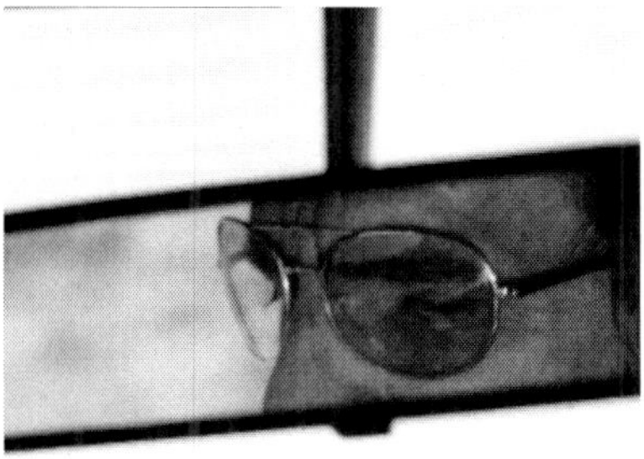

La presentación de David Mann, el protagonista (aunque el espectador no conocerá su nombre hasta 5.2.3), constituye todo un juicio de valor: imposible no asociarlo al acémila que defiende su condición de "hombre de la casa" a sabiendas de que muchos puedan ponerla en duda. Se trata del actor norteamericano Dennis Weaver, muy popular a principios de los 70 por el telefilm *McCloud* (1970-1977), en el que interpretaba a un policía rural que viajaba a la gran ciudad (nada que ver con David Mann). Desde su primera aparición, se establece además el predominio de la subjetividad relativa (multiplicación de las alternancias personaje que mira/lo que ve). Con ello se favorece la sorpresa del espectador, que, como el protagonista, desconoce lo que va a pasar.

El coche reduce la velocidad debido a la presencia de un enorme camión cisterna que lleva la palabra "FLAMMABLE" ("inflamable") escrita por dos veces en la parte trasera. Su tubo de escape vertical, una auténtica chimenea, expulsa gran cantidad de humo. David Mann tose y se queja (por primera vez escuchamos su voz): "Y hablan de contaminación..."

Mientras, el hombre de la radio, insatisfecho con la respuesta de la empleada del censo, continúa sus divagaciones: "¿Qué pensará la gente cuando envíe mi formulario? [...] Es que no quiero que la gente lo sepa. Para serle sincero le diré que llevo 15 años ocupándome de la casa, reconozco que uso bata... Es mucho más cómodo quitar el polvo en bata y zapatillas. Lo cierto es que he adoptado la mayoría de las costumbres de cualquier ama de casa, y detestaría que alguien lo descubriese, francamente, por eso me resulta muy violento". La cámara realiza un complejo desplazamiento desde detrás del coche hasta quedar situada delante del camión: primero toma a David Mann al volante; luego desciende y se aleja. La voz de la empleada del censo ("Toda la información que incluya en el formulario es confidencial. Las únicas personas que tienen acceso a él...") se va apagando progresivamente, aparece el modelo del coche en una placa adosada al lateral izquierdo, "Valiant" (es un Plymouth Valiant, un modelo de gama baja, como sugería el guión de Matheson), y también vemos su matrícula, California 149 PCE (letras que, leídas en inglés, suenan como "peace", es decir "paz"); a continuación recorre el camión (la palabra "FAMMABLE" también aparece en su costado), tan desproporcionadamente grande que no cabe en el encuadre, y lo toma frontalmente, en ligero contrapicado, a la altura del radiador, un auténtico retrato: es un viejo y sucio Peterbilt de los años 50 que ostenta a modo de trofeos seis matrículas de diferentes estados.

En este alambicado plano que acabamos de describir, aparecen ya los elementos básicos que el discurso audiovisual explotará en lo sucesivo, aunque el espectador no posea aún todas las claves (recordemos que hasta 5.2.3 no conocerá el nombre del protagonista): un hombre valiente y pacífico (la generalización viene sugerida por el apellido –Mann–; los atributos, por el modelo y la matrícula del coche) enfrentado a una gigantesca máquina de carácter irascible. David contra Goliat, o San Jorge (motorizado, en vez de a caballo) contra el dragón (dueño y señor de las carreteras secundarias).

David Mann adelanta suavemente, y echa la vista atrás sin lograr ver al conductor del camión. Por corte neto se pasa a plano de los faros reflejados en el retrovisor interior del coche (¿los ojos de su oponente?). Mientras, el hombre de la radio diserta sobre las féminas: "Qué diferentes son las mujeres antes de la boda, son encantadoras, a todo dicen que sí... No hay ningún problema (la empleada ríe), pero de repente se vuelven muy agresivas... Ella se volvió muy agresiva, se puso al frente de todo... (la empleada lo lamenta entre risas) Le tengo miedo, ¿sabe?, he pensado pedir el divorcio". Y finalmente (tras obtener la enésima confirmación de que "nadie" conocerá el contenido del cuestionario), decide que va a marcar la casilla de cabeza de familia. De forma inesperada, el camión sobrepasa al coche, justo cuando suenan sus palabras de confirmación: "I'll put it down", casi inaudibles por culpa del ruido del camión (inexplicablemente ausentes en el doblaje español de la película). Mann se sobresalta y grita: "¡Eh!". Por fin se despide "el cabeza de familia" (con la recomendación a la empleada de que, cuando se case, no siga el ejemplo de su mujer).

La cámara toma al camión a la altura de los faros en ligero contrapicado (así parece aún más imponente), desciende y, casi a ras de suelo, comienza a recorrerlo; detrás, se ve el coche agazapado. Se incorporan entonces los primeros sonidos no diegéticos ("over"). Se trata de una ráfaga musical muy breve, pero que ya presenta las características esenciales de la banda sonora original de Billy Goldenberg: música empática (transmite lo que siente el protagonista) hábilmente ensamblada con los ruidos diegéticos, sobre todo los del coche y el camión. Esta ráfaga musical apunta solo un nerviosismo incipiente (por eso es tan breve); más adelante, cuando el impacto emocional que provoca el acoso se intensifique (5.2.6), se convertirá en un obsesivo y frenético ostinato de orquesta de cuerda.

En la radio comienza un programa de entretenimiento sobre gente que posee habilidades singulares. David Mann decide adelantar por segunda vez. Los tres adelantamientos (el del camión y los del coche) se han producido en línea continua. Parece claro que los dos oponentes están dispuestos a saltarse las reglas. La cámara describe una panorámica hacia la derecha desde dentro del Plymouth para mostrar fugazmente una silueta humana, difuminada, sin rasgos que la individualicen, en la cabina del camión. El coche retorna al carril de la derecha. El camión hace sonar prolongadamente su sirena, llamando la atención del protagonista, que se gira (un brusco zoom de alejamiento abre el plano, que parte del retrovisor lateral con el camión reflejado), aunque enseguida recupera su posición al volante y sonríe: se acabaron los sobresaltos.

Poco a poco el camión se queda atrás. Mann consulta su reloj para calcular el tiempo perdido. El camión desaparece definitivamente del retrovisor interior del coche.

5.2.3. La primera gasolinera. Llamada a casa **0h. 08' 14"**

El protagonista se entretiene escuchando el testimonio de un hombre que dice que hace música con un trozo de carne. Se desvía a la izquierda y estaciona el coche junto al surtidor de una gasolinera. Casi inmediatamente, el camión emerge al fondo del plano y avanza hasta quedar situado unos metros más allá, al otro lado del surtidor (la cámara retrocede para mantenerlo en campo). Mann limpia sus gafas (gesto que resultará inútil si lo leemos, en clave metafórica, como un intento por "ver mejor, con más detalle") con la mirada fija en la puerta del camión (zoom sobre el brazo izquierdo del conductor que descansa en el volante). Parece que por fin se va a desvelar la identidad del misterioso "amo de las carreteras secundarias". Pero el plano subjetivo de turno comienza a emborronarse porque el empleado de la gasolinera rocía con disolvente la luna delantera del coche. Pronto su rostro ocupa todo el encuadre, tapando la ventanilla del camión, aunque enseguida sus movimientos oscilantes de limpieza nos permiten descubrir la desaparición de la mano del volante. Mann le pide al empleado que llene el depósito. El sonido metálico de una puerta que se cierra reconduce su interés hacia la cabina del camión, pero no hay nadie (la luna del coche, bastante emborronada tras la limpieza del empleado, todavía distorsiona su visión); sigue escrutando su entorno con la mirada y descubre que, incomprensiblemente, el camionero se ha bajado por el lado derecho de su vehículo y se encuentra tras él. Mann sólo alcanza a ver unas botas y los bajos de unos pantalones vaqueros, prendas características de la indumentaria del cowboy (David Mann pertenece al mundo urbano civilizado, su oponente al "salvaje oeste"). En realidad, esas piernas forman parte del camión, una gigantesca maquinaria que tiene absorbido al ser humano (nunca veremos al conductor separado de su vehículo). Una de las botas golpea primero la yanta de la rueda trasera y luego el depósito. Son gestos retadores y desafiantes propios del toro que escarba la arena antes de embestir (imagen característica del futurismo italiano).

Mann autoriza al empleado a que le eche un vistazo al motor, y cuando este le sugiere que debería cambiar el manguito del radiador, se produce un diálogo que ahonda en la caracterización del personaje:

— David Mann: ¿Dónde he oído eso antes? [¿quizás refiriéndose a su mujer?] Lo haré un día de estos, gracias.

— Empleado: Usted manda.

— David Mann: En mi casa no…

A continuación sale del coche y pide cambio para el teléfono. Por corte neto se pasa a una vista inédita hasta el momento: el protagonista y el empleado tomados desde el interior del camión. Repentinamente, el brazo del camionero, que se encuentra de nuevo en la cabina, hace sonar la sirena y queda superpuesto al rostro de Mann, anulándolo. "Enseguida voy", grita el empleado.

El protagonista llama a su mujer a cobro revertido y se identifica como "Dave Mann", empleando un hipocorístico ("Dave" suena más informal y menos autoritario que "David"). Es ahora cuando el espectador conoce su nombre. Esta escena, añadida a la versión cinematográfica, fue escrita por Eckstein, y nunca contó con la aprobación de Spielberg. Se trata de la primera y única fractura en la linealidad espacial del relato, ya que durante la conversación, en montaje alterno, se combinan los planos de Mann en la gasolinera con los de su esposa y sus dos hijos en el interior de una vivienda norteamericana de clase media (la mujer limpia, los niños juegan). Mann se disculpa por el incidente de la pasada noche: su amigo Steve Henderson se propasó con su mujer (en palabras de ella: "intentó violarla") delante de todo el mundo sin que él se decidiese a intervenir. Ella prefiere no hablar de ello, no quiere discutir. Nos enteramos del motivo del viaje: Mann acude a visitar a un cliente llamado Forbes, que ha reclamado a la oficina central. Su esposa le insiste en que llegue pronto a casa porque viene su madre a visitarlo. La puesta en escena y la composición de los encuadres en los que aparece el protagonista enfatizan el juicio crítico sobre su personalidad. Así, mientras Mann habla con la operadora, apoya la pierna sobre una mesa de billar en una actitud que denota el control absoluto de la situación (semejante a la que adopta Mrs. Robinson cuando se ofrece por primera vez al joven y atónito Ben en *El graduado*), pero se ve obligado a retirarla para permitir el paso a una señora que se dirige a recoger su colada de una de las secadoras del fondo. La puerta del establecimiento está abierta, y la profundidad de campo nos permite apreciar en primer plano el coche y en segundo el camión, con lo que la falta de control de la situación (David Mann estorba en todas partes) se hace extensiva a todo el entorno del personaje. En el inicio de la conversación, se presenta un plano general del protagonista (se recurre al gran angular para subsanar la falta de espacio, inconvenientes del rodaje en escenarios naturales) tomado por detrás del ojo de buey de la secadora, como observado tras una lupa. Este encuadre reaparece cuando Mann asegura a su mujer que no tendrá problemas para llegar pronto a casa (entonces resulta también asimilable al punto de mira de un arma asesina, el camión) y, finalmente, tras la conversación, cuando el personaje permanece reflexionando unos segundos junto al teléfono antes de volver al coche.

La conclusión parece clara: David Mann es un hombre dominado por las mujeres. Es más, lo que ya llevamos visto permite determinar que en *El diablo sobre ruedas* la diégesis y el discurso ponen en cuestión el modelo de sociedad patriarcal (recuérdese que en los 70 triunfa el movimiento feminista), aunque las mujeres hayan aparecido hasta ahora solo como trasfondo (algo habitual en el cine New Hollywood).

David Mann regresa a su coche y recupera su tarjeta de crédito. El camión hace sonar de nuevo la sirena para reclamar la atención del empleado, que se despide de Mann con el habitual "Vuelva pronto". Él responde con suficiencia "Lo haré". El Plymouth Valiant reanuda el viaje, el camión queda desenfocado en profundidad de campo junto al surtidor.

5.2.4. De nuevo en la carretera: un intento de adelantamiento casi mortal

0h. 14' 03"

Por fundido encadenado, se pasa a un plano detalle del retrovisor interior del vehículo con el rostro de Mann reflejado en él y, por corte neto, a otro del cuentamillas que alcanza las 40 millas por hora (unos 64 kilómetros por hora). El protagonista, inquieto, fija la vista insistentemente en el retrovisor. El reflejo de su mirada aparece acompañado del ruido del camión; Mann ve a su oponente unos segundos antes que el espectador, aunque este lo percibe al mismo tiempo gracias a la imagen sonora. Enseguida se nos muestra el camión (plano tomado desde el asiento de atrás del Plymouth), que avanza a toda velocidad hasta acercarse al coche, y un plano detalle del cuentamillas con la aguja llegando a las 50 millas por hora (unos 80 kilómetros por hora). El camión invade el retrovisor lateral izquierdo.

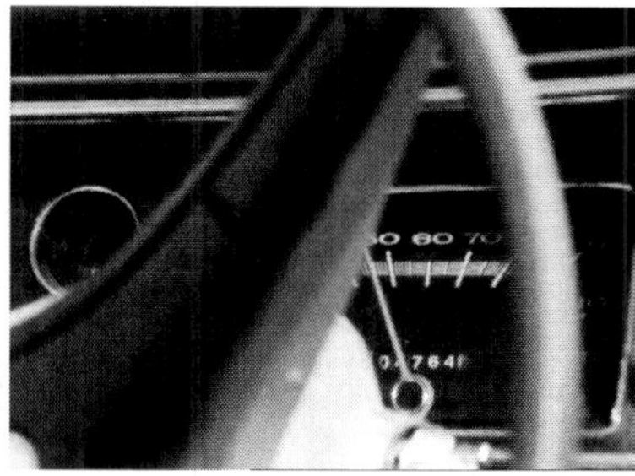

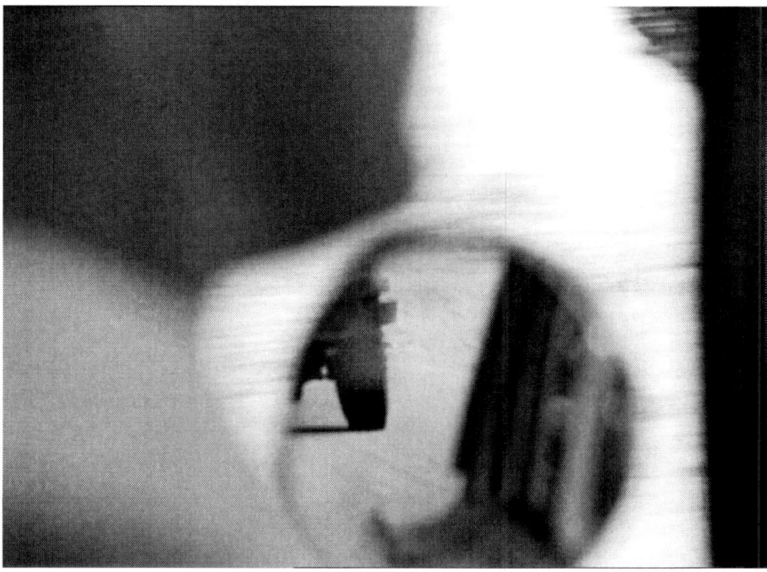

Tomado casi a ras de suelo, ocupa todo el encuadre (la cabina, sucia y oscura, no permite ver al conductor). Reaparece la ráfaga musical de los primeros adelantamientos (5.2.2), que enfatiza el nerviosismo incipiente del protagonista, aunque resulta casi imposible disociarla del resto de los sonidos. David Mann saca el brazo por la ventanilla para permitir el adelantamiento. El Perterbilt sobrepasa al Plymouth de forma brusca y se planta delante (enseguida vemos encendidos los pilotos de freno). Mann no entiende su actitud: "Te he dejado la carretera para ti solo… ¿por qué no te largas?". La chimenea del camión despide un humo espeso como réplica.

El protagonista consulta su reloj. Una señal informa que se avecina un carril de adelantamiento:"Passing Lane Ahead" (en el doblaje español la voz de Mann traduce el significado del texto en inglés). La ráfaga de música empática resulta ahora más perceptible. Cuando el carril de la derecha se desdobla, el camión hace eses para impedir el adelantamiento. El protagonista, atónito, se queja insistentemente: "Es increíble... es increíble... [mira de nuevo su reloj] ¡no estoy de humor para jueguecitos!... ¡aparta!", y hace sonar su bocina. El camión sigue frenando su marcha (parece que le guiña el ojo con el piloto izquierdo). Termina el carril de adelantamiento extra. Por fin el brazo del camionero le cede el paso: "¡Muchas gracias, ya era hora amigo!". Pero es una trampa: en la curva un coche asoma en sentido contrario y casi se produce el choque frontal. La música empática, que aparece ahora en una ráfaga más sostenida e incorpora unas campanas tubulares muy psicodélicas, se mezcla con la bocina del tercer vehículo en discordia y la frenada del Plymouth. La disonancia, molesta al oído, potencia el efecto violento y desgarrador de los acontecimientos. La primera de las faltas de "raccord" que hemos localizado en el film hace difícil saber si el adelantamiento se produce en línea continua o discontinua: el coche comienza la maniobra en discontinua, pero en el siguiente plano ya aparece continua (y cuando vemos alejarse al vehículo que casi choca con él comprobamos que sólo hay línea continua). Mann consigue controlar el volante, exclama: "¡Dios mío!", "¡Joder!" ("Jesus"). Sus reflejos le han salvado la vida.

Tras este pico de intensidad dramática, concluía el primer acto (asalto) de la "TV movie", dando paso al consiguiente corte (reposo) publicitario.

5.2.5. El tercer adelantamiento

0h. 17'01"

David Mann se recupera anímicamente, pero mantiene su irritación, especialmente palpable en sus comentarios: "Venga, pedazo de idiota, aparta de una vez ese culo gordo", "[mira su reloj] A este paso no llegaré a la cita", "¿Será posible?" ("You miserable"), "De acuerdo, de acuerdo... ¿quieres que juguemos...?". El coche se pasa al carril de la izquierda y se desvía por un sendero sin asfaltar. Conduciendo a toda velocidad, consigue reincorporarse a la carretera delante del camión. Lo ha adelantado. David Mann salta en el asiento, se ríe y da palmadas en el volante mientras se gira para ver cómo lo deja atrás (incluso le hace un gesto de despedida con la mano). La sonrisa no le cabe en la cara. El retrovisor interior está "limpio", el lateral izquierdo también. Un cartel anuncia la proximidad del café de Chuck a unos 11 kilómetros ("7 More Miles to Chuck´s Café"). Enciende la radio y selecciona un canal que emite música country de ritmo pausado.

5.2.6. La persecución hasta el café de Chuck 0h. 19'23"

Por corte neto se pasa a un plano detalle con angulación aberrante de dos de las enormes ruedas del camión, al que enseguida vemos de frente avanzando a gran velocidad. El coche circula delante ajeno a su presencia (contracampo que se puede identificar con el "punto de vista" de la bestia mecánica). Un plano tomado casi a ras de suelo nos muestra al Plymouth en primer término y al Peterbilt en profundidad de campo, acompañado de la música de la radio, que ha acelerado su ritmo, y del ruido sordo del motor del coche. La alternancia campo/contracampo subraya la dialéctica entre los dos oponentes. Mann percibe la presencia del camión a través de su retrovisor interior.

Por primera vez, el narrador cinematográfico ha privilegiado al espectador, anticipándole información respecto al personaje, demostrando, una vez más, su omnisciencia. El objetivo es claro: crear unos 20 segundos de suspense en los que el espectador se consuma ante la imposibilidad de prevenir a David Mann.

Durante la persecución que ahora se inicia, se saca verdadero partido a dos recursos ya mencionados anteriormente: la alternancia de los planos del punto de vista del protagonista con otros que registran sus reacciones (subjetividad relativa); el gusto cada vez más acusado por fragmentar la realidad rompiéndola en mil pedazos (propio del hiperrealismo, pero también del lenguaje televisivo), sin duda la opción más apropiada para dar forma fílmica a la progresiva "descomposición" anímica y psicológica que sufre el personaje (planos detalle de los distintos elementos del coche, como el cuentamillas, que no para de subir; los pedales de freno y acelerador, y sobre todo los espejos retrovisores). La aceleración del ritmo se logra multiplicando el número de planos y enfatizando la proximidad del camión al coche. Por momentos parece que el Peterbilt vaya a devorar al Plymouth (llega a chocar con él en tres ocasiones). El enorme monstruo mecánico invade todo el campo del encuadre y aparece en los dos retrovisores del coche de forma insistente. Los planos en movimiento ("camera-car") del coche tomado desde atrás, que pueden identificarse con el "punto de vista" del camión, también refuerzan el dramatismo, especialmente uno en el que la cámara se acerca peligrosamente al guardabarros del Plymouth. A David Mann se le desencaja el rostro, su conducción se hace cada vez más desesperada (llega a superar las 95 millas por hora, más de 150 km/h), el coche hace eses, invade el arcén. El efecto "flare" (llamarada) que se produce al incidir los rayos del sol directamente sobre el objetivo intensifica la sensación de angustia: David Mann se quema en el infierno. La angulación contra la carretera y sus márgenes, preferentemente en picado, y la colocación de la cámara casi a ras de suelo en algunos planos aumentan la sensación de velocidad y vértigo. Dos planos de situación de los vehículos aparecen cargados de un especial sentido metafórico: uno, de gran angular, permite apreciar la diferencia de tamaño que existe entre los oponentes (el camión es como un gato y el coche como un ratón), además de delatar al Plymouth rojo como intruso en un entorno natural en el que predominan las diferentes tonalidades de marrón (el color de Goliat); otro, menos amplio, tomado desde el margen izquierdo de la carretera, con la cámara detrás de una hilera de postes que soportan una alambrada, similar a la del plano dieciséis en 5.2.1, marca el inicio del calvario de David Mann.

La música contribuye de forma muy notable a mantener el ritmo in crescendo: primero, la que emite la radio, se va haciendo más frenética; a continuación, una música extradiegética atonal, que combina instrumentos de percusión (probablemente un vibráfono y tambores bajos) con la presencia ocasional de la ráfaga aguda de sintetizador que aparecía sobre el logo de la Universal, resalta el carácter primario (primitivo) de la persecución, la obstinación del depredador por alcanzar a su presa, que lucha denodadamente por la supervivencia; finalmente, un ostinato para orquesta de cuerda se superpone a la percusión (todos los instrumentos son tocados de forma brusca, violenta), verdadero desarrollo de las ráfagas que esporádicamente venían apareciendo desde 5.2.2, dándose con ello rienda suelta a la angustia (¿y al desequilibrio?) del personaje (se trata de una pieza obsesiva y frenética que recuerda al Herrmann de *Psicosis* [*Psycho*, Alfred Hitchcock, 1960]). En este segmento se hace, por primera vez, un uso prolongado (convencional) de la música que, en perfecta combinación con los ruidos de los vehículos (destacan las intervenciones de la sirena del camión), puntúa el discurso y se ensambla a la perfección con las imágenes.

David Mann se sale de la carretera en una explanada frente al café de Chuck. El Plymouth derrapa y termina por chocar contra una valla blanca que queda parcialmente abatida. Cesa la música. La expresión de su rostro es de auténtico dolor, tiene las gafas caídas. El primer "round" ha terminado con David Mann contra las cuerdas. Pero el vallado representa también la frontera entre el territorio salvaje y el civilizado: ahora está, momentáneamente, a salvo. Es el fin del Acto II de la "TV movie" (y un nuevo reposo publicitario).

5.3. Nudo

5.3.l. Primer contacto para pedir ayuda (los viejos)

0h. 24' 29'

De entre la humareda de polvo levantada por el Plymouth, emerge una voz que se interesa por su estado: "¿Se encuentra bien, señor?". Al instante comprobamos que se trata de un lugareño de edad avanzada que se acerca a socorrerlo. David Mann contesta afirmativamente, aunque casi no puede hablar, y se queja de su cuello. La recuperación de la calma se enuncia con planos de mayor duración que en el segmento anterior. El lugareño se comunica con otro anciano situado unos metros más lejos: "¡Está bien!", y pide a Mann que le explique lo sucedido:

— Viejo: ¿Qué le ha pasado?

— David Mann: El conductor de ese camión intentó matarme... [habla entrecortado].

— Viejo: ¿Matarle...? ¡Venga ya!

Continúa la conversación sin que desaparezca la incredulidad del viejo que, al retirarse, risueño, señala al coche y comenta: "Se ha hecho daño en las cervicales". El otro anciano observa impasible cómo Mann sale de su coche tambaleándose, casi se cae, y avanza hacia el café de Chuck. Se le cruza el primer anciano al volante de su camioneta y Mann le hace un escueto gesto de despedida con la mano, todo (desde que el lugareño se retira riendo) en un único plano de más de 50 segundos.

La incredulidad de los viejos, que han sido testigos del desenlace de la persecución, incita al espectador a dudar sobre la verosimilitud de lo que está contemplando.

5.3.2. La recuperación tras el acoso y... ¡el camión está ahí fuera!

0h. 26' 12"

Por corte neto se pasa a un plano americano de David Mann tomado desde el interior del café; es el inicio de un largo plano secuencia de más de dos minutos y medio de duración rodado con cámara al hombro. El protagonista abre la puerta y entra. "¿Qué ha pasado ahí fuera, señor?", inquiere el encargado. Mann pide permiso para usar el lavabo. "Sí, por esa puerta a la derecha, al final del pasillo tuerza a la izquierda, segunda puerta". Chocan las bolas en una mesa de billar.

Mann bordea a los jugadores (entre ellos hay una mujer) y enfila el pasillo tambaleándose (la cámara también lo hace). Al cerrar la puerta del lavabo, se apoya contra ella agotado. Después se refresca la cara y la nuca, se arregla el cabello y va recuperando poco a poco la calma.

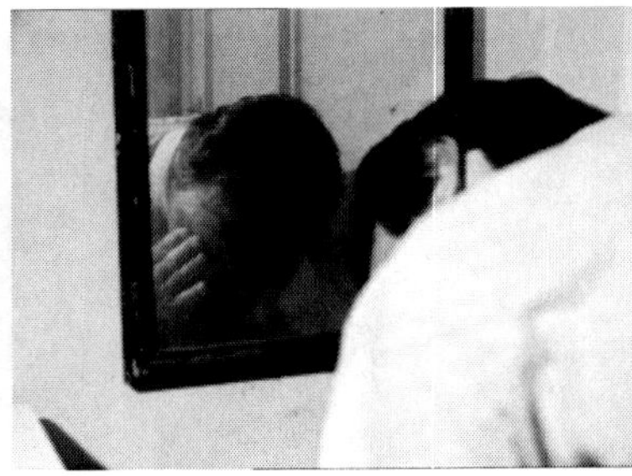

Da comienzo su primer monólogo interior:

> Bueno, nunca se sabe, nunca se sabe. Vas por la vida creyendo que algunas cosas no van a cambiar nunca, como conducir por la carretera sin que alguien intente matarte, y entonces, ocurre una estupidez. Durante veinte, veinticinco minutos de tu vida, las cuerdas que te han mantenido en pie se cortan de repente, y te encuentras ahí... otra vez en la selva. Está bien chico, ha sido una pesadilla, pero se acabó, se acabó.

Es esta la reflexión de un hombre que se ha visto obligado a luchar por su vida (a volver a la "selva"). Los recursos expresivos del discurso, sin embargo, ya habían potenciado suficientemente esta regresión en 5.2.6, de ahí que este tipo de subrayados resulte innecesario. No en vano, Spielberg quiso eliminarlos. Se trata, pues, de un resumen reiterativo de lo ya sucedido, dirigido a los espectadores más "cortos" o, en el caso de la versión televisiva, a los que se hayan incorporado tarde al programa.

David Mann abre la puerta del lavabo, atraviesa el pasillo en sentido inverso y entra en la sala del café. El encargado muestra de nuevo su interés (un reloj de pared marca la una y media pasadas):

— Encargado: ¿Se encuentra bien?

— Mann: Estoy bien.

— Encargado: ¿Qué ha pasado?

— Mann: Una pequeña complicación.

— Encargado: Ah... [mira con intención fuera de campo buscando la complicidad de los clientes] a mi me pareció una enorme complicación.

Llegan las risas. Mann mira despectivamente en esa dirección mientras se acerca a la ventana. Suena un sonido grave y sordo externo a la diégesis ("over"), preludio de un fatal descubrimiento: el camión está aparcado fuera. Mann se gira lentamente mientras irrumpe el sonido de gong, grave y vibrante, que abría la película (sobre el logo de la Universal).

5.3.3. Análisis de la situación y búsqueda de soluciones

0h. 28' 52"

Por corte neto se pasa a un plano que nos muestra una jugada de la mesa de billar (chocan las bolas). La cámara imita el movimiento del taco, enfatizando el duro "golpe" que ha supuesto para el protagonista su reciente descubrimiento. David Mann aparece en profundidad de campo "acorralado" tras la mesa de billar y uno de los reservados junto a la ventana, al fondo del café. El golpeo del taco "rompe" el plano secuencia, interrumpiendo la recuperación anímica del personaje. Tiene también un claro sentido metafórico: "el juego no ha terminado, el juego continúa". El jugador bordea la mesa. Mann toma asiento en el reservado junto a la ventana. Poco a poco se va creando la adecuada atmósfera introspectiva: suena una música extradiegética atonal y reiterativa que invita al espectador a vagar sin rumbo; la cámara avanza hacia David Mann en lento travelling de acercamiento; en la pared aparecen reflejados los neones exteriores del café, sólo podemos leer con claridad la palabra "OPEN" ("abierto").

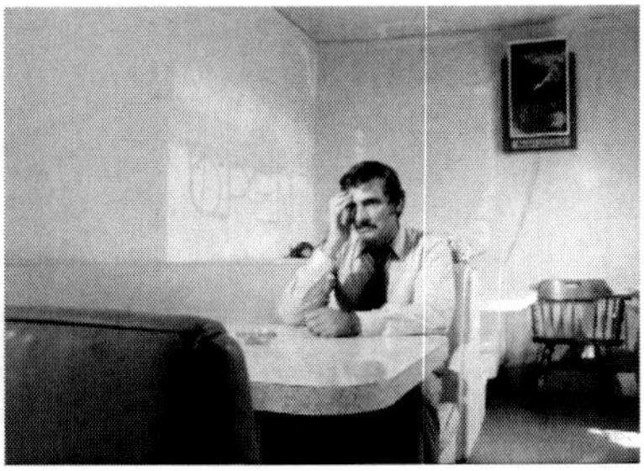

Por segunda vez, el narrador cinematográfico juega a anticipar información al espectador creando suspense. La cámara recorre los rostros de los cinco hombres sentados a la barra, empezando por el más alejado de la mesa que, a sus espaldas, ocupa David Mann. Todos aparecen ligeramente desenfocados, salvo el primero y el último (cambio de foco en el plano). La cámara se detiene en este último cliente que, tras mirar con descaro hacia la mesa de Mann, gira su cabeza al frente. Lleva sombrero de vaquero y bebe cerveza. La música (piano) lo señala ¿Será el camionero?

Por fin se inicia la introspección. La cámara realiza un travelling desde detrás del protagonista hasta los hombres de la barra. El análisis de la clientela del café se enuncia a través del clásico sistema de la subjetividad relativa, aunque los planos de punto de vista no se corresponden, en cuanto a escala, con la ubicación de Mann en el café, sino que nos proporcionan su centro de interés en cada momento; por eso se alternan con primeros planos del personaje mirando. Ya estamos dentro de su mente; pronto asistiremos, de nuevo, a la verbalización de sus pensamientos. Un plano de punto de vista, que incorpora un barrido, dando a entender que Mann encuentra lo que busca, termina en unas botas similares a las que vimos en la gasolinera. Pertenecen al vaquero que, por segunda vez, gira la cabeza para observar a David

Mann. La irrupción de campanas tubulares subraya el hallazgo: ¡es él, no hay duda! La cámara recupera su posición tras David Mann. Nuevamente, como en la gasolinera (5.2.3), un personaje entra en campo de forma repentina y sorprende al protagonista: es la camarera, que tras dejar caer los cubiertos sobre la mesa y poner un vaso de agua con hielo, pregunta: "¿Le tomo nota?". Desaparece la música porque se interrumpe (momentáneamente) la introspección.

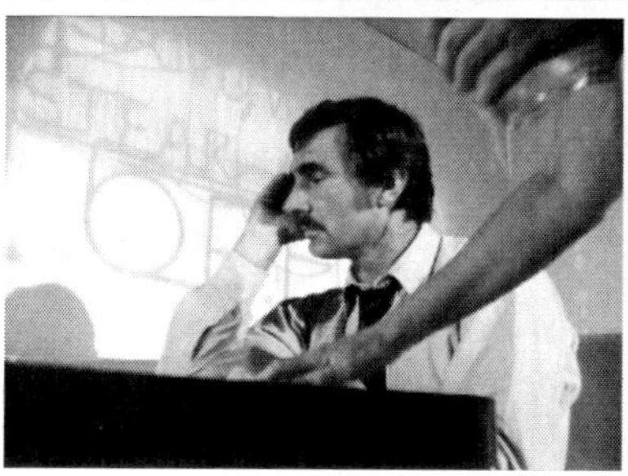

Mann bebe con avidez mientras estudia la carta. Encarga un sándwich de queso suizo con pan de centeno, otro vaso de agua y una aspirina. La camarera desaparece al tiempo que vuelve la música. La mujer que antes jugaba al billar (la única de todo el café, sin contar a la camarera) se acerca a la gramola del café: a contraluz y en primer término, a mayor escala que el protagonista, es como la sombra de una nueva amenaza femenina que enturbia su posición en el encuadre (al fondo, tras la ventana, como en planos anteriores, está aparcado el camión). Un leve travelling de acercamiento sobre David Mann introduce el segundo monólogo interior:

> No sé, lo único que hago es adelantar a ese estúpido camión un par de veces y se comporta como un lunático… tiene que estar loco [mira hacia la ventana y se introduce un inserto del camión]. Vale, está loco, ¿y qué voy a hacer…? ¿buscarle un psiquiatra...?, madre mía.

Un nuevo examen de los hombres de la barra comienza de forma repentina, sin el travelling de acercamiento que daba inicio al primero. En cada uno de los planos de punto de vista solo se ve con nitidez al sujeto que espía David Mann; el resto del campo aparece desenfocado (nuevamente, la enunciación subraya su centro de interés en cada momento). El protagonista no se decide a actuar, reflexiona:

> Espera un momento, espera un momento, a ver, piensa, de acuerdo, está aquí, eso no significa que tenga intención de continuar su... ataque. Es la hora de comer, puede que el Café de Chuck sea el único sitio en el que comer por aquí cerca. Sí, probablemente coma aquí siempre, seguro que estaba yendo demasiado deprisa y ha tenido que parar y dar la vuelta, nada más, nada más. ¿Por qué no me he ido en cuanto he visto su camión ahí fuera? Entonces sabría qué se propone, pero y si hubiera salido detrás de mí para volver a seguirme, estaría otra vez igual, aunque le sacara ventaja me adelantaría tarde o temprano, tiene un motor diesel trucado, mi coche no tiene tanta fuerza, no puedo ir a 150 por hora..., y en cuanto perdiera la concentración volvería a ponerme a 90 ó 100, no me gusta conducir deprisa, no puedo evitarlo, él es... Cálmate, intenta calmarte. Quizá debería acercarme a él. Será mejor que haga algo.

Durante casi todo el monólogo interior se suceden planos con diferente escala y angulación de David Mann (en clara sintonía con sus vacilaciones); al final, un travelling de acercamiento concluye en un primerísimo primer plano de su rostro y la mitad inferior del encuadre se desenfoca (cambio de foco en el plano). Con ello se enfatiza su confusión mental (aparece la "niebla"), pero también se destacan los ojos del protagonista como su principal fuente de información (las botas que vio en la gasolinera son la única pista).

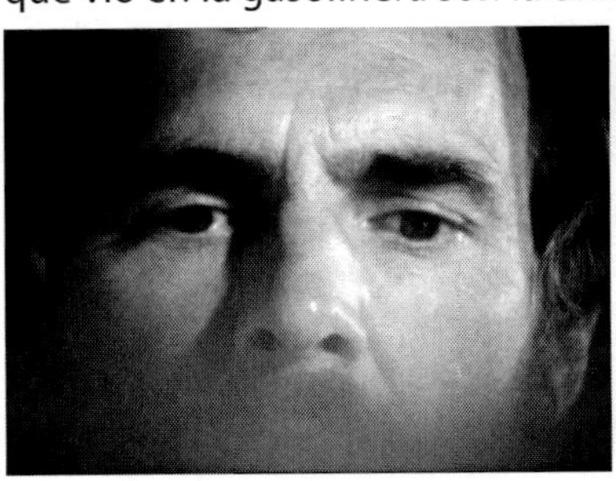

Mann imagina que se levanta y va a pedirle disculpas a uno de los clientes de la barra (travelling de acercamiento con la cámara al hombro): "Oiga amigo, lamento haberle hecho enfadar, ¿qué tal si le invito a una cerveza y resolvemos esto? ¿eh?". El tipo se da la vuelta, tiene expresión hosca y expele el humo de su cigarro de forma provocativa. "No..." David Mann prueba ahora con el vaquero de las botas, el primer sospechoso... (nuevo travelling que simula el desplazamiento del personaje hasta la barra): "Oiga amigo, lamento haberle hecho enfadar, pero permítame que...", no sabe cómo continuar. Llega la camarera con el encargo, cesa la música: "Aquí tiene, ¿algo más?". "No, gracias"; pero apenas se ha ido murmura "Ahhhh... el kétchup". Sin embargo, no lo reclama. Este hecho anecdótico pone de relieve su falta de iniciativa. A continuación, toma dos aspirinas y agota el segundo vaso de agua con hielo, sigue sediento. En el siguiente plano, sin embargo, el vaso aparece lleno: es una falta de "raccord". Un nuevo monólogo interior subraya el aislamiento del personaje:

> ¿Y si llamo a la policía local...? Entonces tendría que quedarme aquí y perder más tiempo ¿Y si él se quedara y hablara incluso con la policía? Como es natural lo negaría todo, no tengo, no tengo pruebas, y seguro que ninguna de estas personas me apoyaría. La policía probablemente...

El sonido de la máquina registradora en off (fuera de campo) reorienta su atención hacia la barra: el principal sospechoso abandona el café. Mann ve a través de la ventana cómo el vaquero se dirige al camión e incluso acaricia el guardabarros antes de desaparecer tras el vehículo: ¡tiene que ser él! La música enfatiza la tensión. Mann traga saliva. De pronto el vaquero emerge desde detrás del camión conduciendo una camioneta (¡falso culpable!).

David Mann vuelve su mirada hacia la barra: quizás no se encuentre allí la persona que busca. Centra su atención ahora en un tipo que almuerza en una mesa (con una mano bebe cerveza y sujeta un sándwich con la otra), y que también pasa el "test de las botas": "Vale, ¿y ahora qué hago?". Se limpia la boca con una servilleta, está resuelto a actuar. La cámara toma en contrapicado (esta angulación lo engrandece) y desde un lateral al sospechoso, de manera que su rostro no se aprecia con claridad: su identidad permanece oculta. Hay que descubrirlo.

5.3.4. La puesta en práctica: conversación y pelea

0h. 37' 07"

David Mann se levanta indeciso, dubitativo, y avanza lentamente con las manos en los bolsillos; se detiene un momento ante la mesa de billar y después se acerca a la puerta del café y mira al exterior; por último, retrocede de espaldas hasta quedar a la altura de su oponente y se dirige a él sin enfrentarlo, en tono conciliador (cesa la música):

— Mann: Oiga, quiero que lo deje ya.

— Sospechoso: [sin darse por aludido] ¿Qué? [Su rostro aparece deforme y sobredimensionado porque la cámara lo toma con un objetivo focal corto y en contrapicado].

— Mann: Déjelo ya, ¿vale?

— Sospechoso: ¿El qué? [su vaso tiene ahora más cerveza, otra falta de "raccord"].

— Mann: Venga, vamos, por favor, dejémonos de juegos.

— Sospechoso: ¿De qué coño está hablando?

Mann lo amenaza con llamar a la policía y enfurecido termina por tirarle el sándwich de un manotazo. Un puñetazo en el estómago y un empujón terminan con el protagonista tendido en la mesa de billar, pataleando como un niño. "¿Quién se ha creído que es para tirarme el sándwich?". Lo agarra por una pierna y lo tira al suelo. El encargado del café consigue parar la pelea. Un plano muestra a David Mann encogido, casi sin respiración, en primer término y a la derecha del encuadre (su figura aparece incompleta, solo vemos su cabeza, una pierna y parte del tronco); en segundo término, el encargado intenta calmar a su adversario ("Míralo está enfermo, ¿no ves que no puede pelear con nadie?"); y al fondo, el resto de los clientes observa con expresión burlona el bochornoso espectáculo. Tras rechazar ofendido las consumiciones gratuitas que le ofrece el encargado, el agresor sale del café. Mann se arrastra hasta un reservado cercano a la puerta. El encargado le recomienda que se marche.

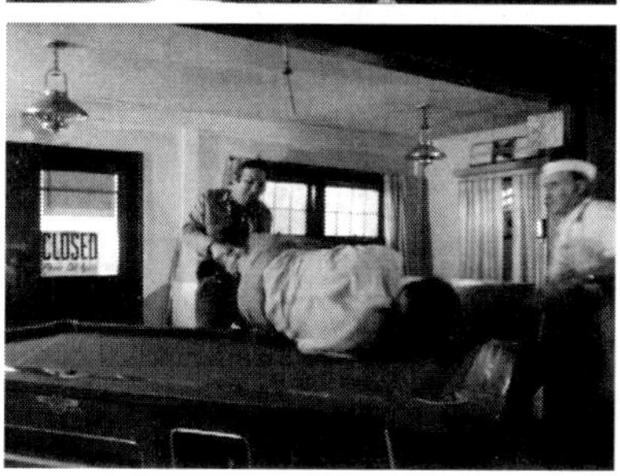

5.3.5. ¡Ése no era! y... el camión se va **0h. 39' 27"**

David Mann se incorpora y ve a través de la ventana cómo su adversario se sube a una camioneta y se aleja. No era el conductor del Peterbilt, sino otro falso culpable. Reaparece la música para subrayar su frustración. Por enésima vez recorre la barra con la mirada. Suena en off el rugido de un motor, la cámara se acerca lentamente al protagonista (zoom) al tiempo que suenan las campanas tubulares. Mann mira nuevamente por la ventana y ve que el camión se va. Se levanta y pega las manos al cristal. No lo puede creer, ¿de dónde diablos ha salido el camionero? Se retira bruscamente, dando fin al Acto III de la "TV movie" (con un nuevo reposo publicitario).

5.3.6. Adiós al café de Chuck

0h. 40'21"

David Mann sale corriendo del café de Chuck (se marcha sin pagar la cuenta) y persigue al camión. Un ostinato de cuerda sostiene el ritmo de su carrera, las ya recurrentes campanas tubulares transmiten su angustia. Cuando la fatiga le impide continuar, y el camión se aleja, la música decae progresivamente hasta terminar desapareciendo.

Mann vuelve a su coche. Pasa por debajo de la valla rota, que termina de derrumbarse. La puerta del Plymouth está abierta, tal y como él la dejó. Se pone las gafas y entra cuidadosamente en su automóvil. La longitud focal corta (gran angular) aumenta la profundidad del encuadre distanciándonos del personaje, con lo que se subraya su soledad. Un testigo da fe de su marcha (lo mira extrañado y sin articular palabra), el mismo viejo que lo vio entrar al café. Una panorámica acompaña al Plymouth en su salida a la carretera hasta que circula enmarcado por el roto de la valla: un agujero negro de barbarie en el continuo de la civilización (recuérdese el primer monólogo interior del protagonista), una herida abierta en el ánimo del personaje, pero ante todo un indicio claro de que el juego no ha concluido.

5.3.7. El autobús escolar

0h. 41'53"

De nuevo al volante. David Mann conduce con la ventanilla abierta, su rostro está tenso, no hay rastro del camión. El paisaje es semidesértico. Un hombre situado en el centro de la carretera lo obliga a desviarse hacia la izquierda. Es el conductor de un autobús escolar. "Pare... Perdone que le moleste señor, pero me hace falta ayuda". "¿Qué clase de ayuda?". Los niños se suben en el capó de su Plymouth y Mann se incomoda. "Necesito que me empuje, ese maldito trasto se ha calentado, lo he dejado enfriar y no consigo que vuelva a arrancar". "¿Por qué no ha parado a ese camión?" "¿Qué camión?". El conductor del autobús no ha visto pasar a ningún camión (nuevamente se obliga al espectador a poner en cuestión lo acontecido). Como de costumbre, David Mann se muestra vacilante "No sé... voy a quedarme encajado debajo del guardabarros", pero termina por ceder. Todos se suben al autobús y el coche comienza a empujar. En un plano tomado por detrás del conductor (semisubjetivo), que maniobra con el cambio, se ve que a escasa distancia la carretera atraviesa un pequeño túnel para salvar una montaña. El coche continúa empujando sin conseguir desplazar al autobús y, como había previsto David Mann, se encaja debajo de su guardabarros. Nueva falta de "raccord": se pasa bruscamente de un plano del coche empujando, a otro de los dos vehículos enganchados, cuando en ningún momento dio la sensación de que esto pudiera suceder. A esta falta de "raccord" hay que sumarle una absoluta falta de lógica: ¿quién llena un autobús para intentar desplazarlo después? Los niños se burlan de la poca potencia del Plymouth Valiant, asomados a la luna trasera del autobús. Una sucesión de primeros planos de sus rostros que hacen muecas, gritan (entre otras cosas: "No puede, no puede") y ríen subraya la impotencia de David Mann.

Este segmento del autobús escolar, tercero de los añadidos al montaje cinematográfico, se sitúa claramente en la misma línea que el ya comentado "Llamada a casa" (5.2.3). No en vano ambos fueron escritos por el mismo hombre, el productor de *Duel*, George Eckstein. Los dos están destinados a enfatizar la falta de "empuje" del protagonista.

Mientras Mann intenta desenganchar su coche con la ayuda del conductor del autobús, el narrador cinematográfico ofrece, de nuevo, una primicia al espectador (generando otro momento de suspense): el camión entra en el túnel y se detiene. El mismo piano que en el café de Chuck señalaba al vaquero de la barra como el principal sospechoso (5.3.3) avisa del peligro (funciona como nexo de unión entre las dos acciones). Mann sale de su coche sin haber conseguido desengancharlo y se percata de su presencia: el camión aparece en penumbra y a contraluz, enciende los faros (vuelve la música), se muestra como el monstruo que abandona su guarida cuando algo lo perturba (iconografía claramente emparentada con los dibujos animados, pero también con los sueños). Es esta una auténtica imagen-emblema (o "high concept") que sintetiza la película (por ello ha sido tan empleada en la publicidad) y representa la materialización del "ello" del protagonista, la reunión de todos sus miedos y fobias irracionales.

Mann se ha quedado de piedra. El conductor del autobús pregunta extrañado: "¿Ocurre algo?". La contestación del protagonista no deja lugar a dudas: "Ese maldito está aquí otra vez". Cesa la música empática: su constante presencia en los momentos de máxima tensión para el personaje no es solo un trasunto de su mundo interior (su "campo de batalla"), también puede ser leída como un síntoma de su desequilibrio psíquico. Mann intenta proteger a los niños: los empuja hacia el autobús, ellos se ríen. El conductor lo agarra con violencia por el brazo: "¡Deje en paz a los niños! ¡No toque a los niños!". El protagonista está fuera de sí: "Oiga, sé que le parecerá disparatado, pero ese hombre está loco, ¡ha intentado matarme!, se lo digo en serio". Pero no logra convencerlo: "Pues le aseguro una cosa, si tuviera que decir quién es el loco aquí diría que usted". Como corroborando estas palabras, el camión se pone en marcha: la locura, el miedo de Mann es el que reactiva la amenaza. Solo resta la huida. Mann obliga al conductor a entrar en el coche y él se sube al capó. Enloquecido salta sobre él, ya no le importa que se abolle. "Cuando lo desenganche, meta la marcha atrás". El camión se aproxima al final del túnel. Mann consigue liberar su coche justo a tiempo. El camión invade los dos carriles de la carretera e inicia el cambio de sentido para situarse detrás del autobús escolar. En un plano detalle, su faro izquierdo, todavía encendido, avanza hacia el espectador (también son visibles tres de sus matrículas). Esta mirada hipnótica y ambigua nos devuelve al centro del relato: David Mann, atónito, parado en el arcén derecho de la carretera, observa desde su coche cómo el camión empuja al autobús. La escena se resuelve en un solo plano: zoom hacia el autobús escolar desde delante del personaje que mira para atrás y queda desenfocado (el cambio de foco en el plano funciona como una metáfora de su confusión mental), panorámica hacia su rostro atónito que recupera toda la nitidez; Mann mira por dos veces en el espejo interior de su coche (un gesto de incredulidad) y, finalmente, sale de campo por delante; el camión saca al autobús a la carretera y ambos vehículos pasan frente a la cámara.

5.3.8. Ataque en el paso a nivel

0h. 48′ 42″

Por fundido encadenado (breve elipsis temporal), se pasa a un plano general del coche de David Mann que circula por la carretera (la cámara lo acompaña describiendo una panorámica). Todo está en calma, el paisaje es menos desértico que en la secuencia anterior, se escuchan en sordina los sonidos propios del campo y sopla una suave brisa que estremece los arbustos. Se acerca un tren. El coche de Mann se detiene en un paso a nivel (advertido por la barrera y el ruido de la sirena). Empieza a pasar el tren. David Mann consulta el reloj, tiene prisa, quiere llegar a su cita a tiempo. Y de pronto, un golpe sordo, un leve traqueteo del coche. Mann se vuelve sobresaltado y descubre al camión, que... ¡lo empuja hacia la vía! La cámara lo toma en contrapicado y con un objetivo focal corto que exagera sus proporciones y logra el efecto claustrofóbico propio de una pesadilla. El ritmo se acelera acortando la duración de los planos, algunos resultan casi imperceptibles, como un fugaz primer plano desenfocado del protagonista que mira hacia atrás con el rostro desencajado (al aparecer seguido de otro del tren en movimiento, el espectador tiene la impresión de que Mann está siendo literalmente arrollado). Pero no, David Mann resiste: pisa primero el freno y luego mete la marcha atrás. "¡Eh!, ¡Basta!, ¡Oiga!", sus quejas apenas resultan audibles en medio de la confusión sonora que componen el paso del tren, el motor del camión, los derrapes del coche, la sirena del paso a nivel y la música extradiegética de turno (ostinato parecido al de Adiós al café de Chuck de 5.3.6).

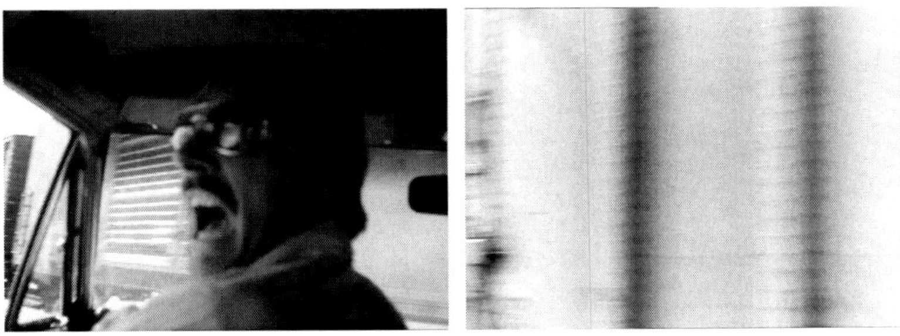

Por fin termina de pasar el larguísimo tren; llevamos casi un minuto viendo vagones. La dilatación temporal lograda a través del montaje prolonga la tensión del espectador, multiplicando el impacto psicológico del ataque asesino. Mann pisa el acelerador, cruza la vía y detiene su coche en el arcén, fuera de la carretera. Espera. El camión, lentamente, como una oruga, cruza la vía y sigue su camino (plano general). Escuchamos el silbato de la locomotora y a continuación la sirena del Peterbilt, como si existiera una complicidad criminal ("ya lo pillaremos", "otra vez será") entre las dos máquinas. El protagonista, y sin duda el espectador, experimentan esta sensación. David Mann mira hacia el tren (el camión ya ha desaparecido de su vista), saca el coche de nuevo a la carretera y se aleja.

Esta secuencia (salida de la pluma de Spielberg) es la cuarta y última de las añadidas al metraje televisivo antes de su exhibición en salas. Al igual que la anterior (5.3.7), está destinada a reforzar la idea de que la caza es selectiva, que el camión está interesado en una única presa (¿un psicópata asesino o un David Mann paranoico?): por un lado, socorre al autobús escolar y, por otro, empuja al Plymouth Valiant para que sea arrollado por el tren en marcha.

5.3.9. Intento de pedir ayuda en la segunda gasolinera y nuevo ataque asesino

0h. 51' 18"

De nuevo en la carretera, David Mann conduce a una velocidad anormalmente reducida. Una furgoneta se ve obligada a adelantarlo. Hierático, con la mirada fija, su imagen es la de alguien ajeno a la realidad exterior. Al iniciar un pequeño ascenso, el cuentamillas del Plymouth baja de 35 a 30 millas por hora (de 56 a 48 en km por hora). La cámara toma al coche desde atrás y desde abajo, casi a ras de suelo, y cuando concluye el cambio de rasante aparece el camión en profundidad de campo. Aunque en el plano anterior la cámara se situaba detrás del vehículo y muy por debajo del punto de vista del conductor, el desnivel de la carretera impedía que Mann divisara antes al camión. Su rostro apenas se inmuta. Pronto se ve obligado a reducir la velocidad aún más. Como en su encuentro inicial (5.2.2), el camión aparece envuelto en el humo de su tubo de escape vertical y su desplazamiento se acompaña de sonidos horrísonos; también como entonces suena (aunque apenas resulte perceptible) una ráfaga musical. David Mann ya no intenta adelantar, se desvía a la izquierda. El camión sigue de largo.

El coche entra en una explanada en la que se amontonan de forma caótica una antigua caravana del Oeste, un carromato y una serie de barracones de madera, todo muy adornado con hileras de banderas triangulares de papel. Se detiene al fin ante un surtidor de gasolina sobre el que cuelga un cartel con el rótulo "Sally's Snakerama Station", que en su reverso invita a los clientes a visitar una exposición de serpientes de cascabel. El camión se detiene más adelante, en el arcén opuesto, y gira su morro para asomarse a la carretera. El efecto "flare" realza la fuerza expresiva de este plano general: ¡lo está esperando! Un plano detalle tomado por encima de su rueda izquierda, todavía en movimiento, muestra casi su hipotético punto de vista; y digo casi porque parte del camión aparece en campo (se trata pues de un plano "semisubjetivo"). Delante del morro del camión aguarda la carretera, el escenario del enfrentamiento, una carretera sin fin que se pierde en el horizonte. Mann sale del coche con la mirada puesta en el camión, al tiempo que se quita las gafas en un gesto inútil, mecánico; después se acerca a las barracas. Tres ladridos lejanos seguidos de un quejido lo perturban, y aparece Sally, la mujer de las serpientes, una anciana ataviada con guantes y delantal de cuero, una mujer que lleva una gasolinera y no tiene reparos en alimentar y manipular a los reptiles, todo un símbolo ante el que el modelo de sociedad patriarcal se tambalea. Y un nuevo contrapunto para el protagonista, que vive en un mundo controlado por mujeres.

Mann quiere llamar por teléfono y Sally lo remite a la cabina de la parte de atrás y le pregunta solícita si "necesita algo para el coche". Mann le pide que llene el depósito y, tras fijar su vista en el camión, "¿Le importaría mirarme el radiador?" (en la versión original le dice específicamente que revise los manguitos del radiador ["radiator hoses"]; recuérdese la advertencia del empleado de la primera gasolinera en 5.2.3). Ahora más que nunca, el protagonista necesita su coche a punto. Sally le recomienda que visite su exposición de serpientes. Mann pasa frente a una jaula (escuchamos el ruido de los cascabeles), la mira fijamente y comenta: "Vaya sitio para una cabina telefónica".

A continuación, se recurre a presentar de forma alternada las acciones de los dos oponentes para crear suspense (el espectador sabe más que el personaje), como en 5.3.7, aunque con mayor dedicación e insistencia: el protagonista llama para denunciar al camionero a la policía (recuérdese que en el café de Chuck, 5.3.3, había descartado esa vía ante la dificultad de explicar su situación a la policía, y no son pocas las pegas que ahora le ponen la operadora primero y la policía después, pidiéndole entre otras cosas que deletree su apellido), mientras el camión se pone en marcha y se dirige a toda velocidad contra la cabina telefónica. Cinco planos descriptivos de partes del camión nos ofrecen el lento despertar de toda su maquinaria. El primero muestra la cabina en contrapicado con una tremenda llamarada solar ("flare") sobre la puerta del conductor, como queriendo subrayar que una fuerza extraña, infernal, es la que en realidad anima al camión ("el diablo sobre ruedas"). Mann se salva in extremis: alertado por la sirena del camión, sale de la cabina y salta justo antes de que la bestia mecánica la arrolle.

No es correcto hablar de un montaje alternado canónico (como el de la llamada a casa en 5.2.3) porque los personajes se encuentran en espacios contiguos, igual que en 5.3.7, que forman un todo homogéneo (camión y protagonista aparecen juntos en campo cuando Mann se dirige a la cabina). De hecho, los planos del personaje llamando por teléfono en seguida se ven contaminados por el ruido del motor del camión. Debemos tener en cuenta, no obstante, que, aunque la cámara toma al personaje desde fuera de la cabina, escuchamos la conversación desde dentro, pero al camión desde fuera. Con ello se incrementa la sensación de suspense del espectador, que no ve al camión, pero lo oye, mientras el personaje ni lo ve ni lo oye (o lo percibe muy mitigado por las paredes de la cabina y no se percata de él, ya que se encuentra inmerso en la conversación con la operadora); solo el ruido de la sirena, como ya hemos comentado, le permite reaccionar en el último momento.

Una nueva falta de "raccord" reclama nuestra atención en este segmento: la presencia del reflejo de Spielberg consultando el guión en la cabina: se le puede ver con claridad en la parte inferior derecha del encuadre, mientras el protagonista echa el dinero y marca.

El camión persigue a David Mann y lo destroza todo a su paso, dando varias vueltas al recinto. La liberación de las serpientes de sus jaulas sugiere la salida al exterior de los miedos y las fobias del protagonista (que yacen prisioneros en su inconsciente). Sólo un coyote (seguramente el emisor de los ladridos y el quejido que escuchamos antes) permanece unido a su cadena sin experimentar daño alguno. Sin duda Spielberg siente simpatía por quien le recuerda al Wile E. Coyete de *The Road Runner Show*, serie de dibujos animados tan de su gusto que, como hemos visto, anticipa la estructura de *El diablo sobre ruedas*. Sally, testigo del asalto, muestra la misma incredulidad que David Mann en la carretera, cuando se produjeron los primeros ataques: "¿Por qué ha hecho eso? ¿Por qué ha destrozado mis jaulas?" Una serpiente de cascabel está punto de picar a David Mann, que también tiene que apartar de un manotazo a una tarántula del bajo de su pantalón. En un intento por detener al camión Mann le arroja una de las jaulas.

— Sally: ¿Qué está haciendo?

— Mann: ¡Avise a la policía!

— Sally: ¿Con qué? ¡Era el único teléfono que tenía!

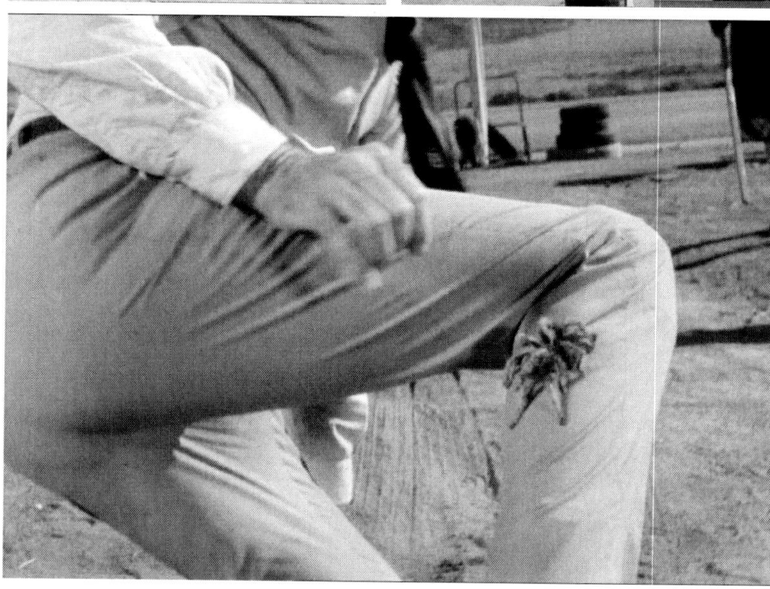

Sally es el primer personaje de la diégesis en verse involucrado en uno de los ataques asesinos del camión. Su presencia contrasta claramente con los que, anteriormente, cuestionaron la versión de los hechos del protagonista: los viejos (5.3.1), los clientes del café (5.3.2 y 5.3.4) y el conductor del autobús escolar (5.3.7); precisamente este último funciona como la antítesis absoluta de Sally, ya que, recordémoslo, incluso era beneficiario de la ayuda del camión. Estos juegos del narrador omnisciente, que aparecen de forma intermitente a lo largo de todo el relato, inducen a dudar al espectador sobre la veracidad de unos hechos (¿quién es el loco Mann o el camionero?) que casi siempre se le presentan desde el punto de vista del personaje protagonista. Un duelo de puntos de vista que recorre el relato de principio a fin, y que avala la necesidad de mantener el título original de la película.

Mann sube a su coche y huye. Reaparece el ostinato de cuerda de 5.2.6, que inevitablemente asociamos a la persecución sin tregua. El camión sale tras David Mann. Sally, que no para de lamentarse y lleva una gruesa serpiente todavía viva en las manos, observa con agitación la marcha de los dos vehículos.

De nuevo en la carretera, se impone el mismo ritmo frenético de 5.2.6. Mann mira con insistencia el retrovisor derecho, quiere ganar distancia. Finaliza el Acto IV del guión de Matheson.

5.3.10. La siesta

0h. 56' 49"

El Plymouth Valiant emerge por la izquierda entre dos pequeños promontorios de terreno. Mann ve un desvío sin asfaltar en medio de una curva, deja caer el coche por el terraplén hasta alcanzarlo y estaciona junto a un paso a nivel sin barreras, buscando el cobijo del promontorio. Ha decidido abandonar. Cesa la música, la carretera aparece vacía, su oponente no lo ha visto (todavía no ha doblado el promontorio). En un plano general (de situación) vemos al coche agazapado y al camión pasar de largo; más allá del Plymouth hay varios vehículos aparcados, seguramente abandonados (están en medio del campo).

La cámara inicia un lento travelling de acercamiento hacia David Mann, que ve cómo el camión se aleja por la carretera (inserto). Prosigue el travelling y, con el personaje tomado en plano medio, se inicia un nuevo monólogo interior:

> La carretera es toda tuya amigo. No pienso moverme hasta dentro de una hora. Puede que la policía te haya detenido para entonces, puede que no, pero al menos estarás muy lejos. ¿Qué, querido, has tenido buen viaje? [imitando la voz de su mujer] ¡Ja!, bueno, ya sabes, como siempre... Vaya, vaya, vaya... Ah, en fin, hoy ya no veré a Forbes, eso está claro.

Como en el café de Chuck, se hace visible el centro de interés del protagonista en cada momento. Así, tras la primera frase ("La carretera es toda tuya amigo"), aparece la carretera desierta; con la segunda ("No pienso moverme hasta dentro de una hora"), se introduce un plano muy general del coche estacionado; y, lo más curioso, cuando la cámara toma de nuevo al protagonista (ahora en primer plano), al imaginar la pregunta que le hará su mujer ("¿Qué, querido, has tenido buen viaje?") se inicia un lento travelling de retroceso acorde con el distanciamiento de la pareja. Su último pensamiento antes de que le venza el sueño está dedicado a los negocios ("Ah, en fin, hoy ya no veré a Forbes, eso está claro"). El coche aparece ya casi en plano general y, progresivamente, vamos descubriendo un inmenso cementerio de coches tras él. Ahora contemplamos con claridad la señal de Stop que hay junto al paso a nivel, y podemos leer "Private Crossing" "No Trepassing"; el cementerio de coches, por tanto, se halla en una propiedad privada.

Seis fundidos encadenados suturan cinco planos descriptivos tomados desde el interior del cementerio de coches (accedemos pues a un recinto prohibido, como en la secuencia inicial de *Ciudadano Kane* [*Citizen Kane*, Orson Welles, 1941]) en los que el Plymouth aparece muy empequeñecido en el último término del encuadre, frente a las desvencijadas carrocerías de los vehículos de los años 40 y 50 que acaparan el protagonismo. El quinto plano muestra al coche de David Mann desenfocado y enmarcado por el cristal roto de la ventanilla de uno de ellos.

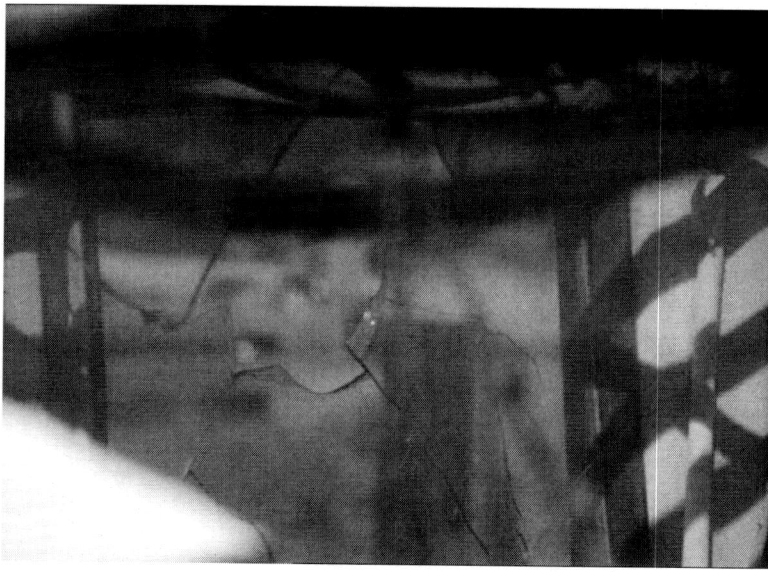

Este entorno decadente, postapocalíptico y distópico (por emplear dos palabras tan de moda) refleja adecuadamente el estado de ánimo del protagonista. El recurso de mostrar el interior de la persona a través del exterior, a través del paisaje, fue explotado ampliamente por la estética romántica en los albores de la Edad Contemporánea (siglos XVIII-XIX). Este cementerio de coches es el equivalente de los paisajes de ruinas de entonces, símbolo de la voracidad del tiempo y testimonio del vigor creativo de los hombres, por un lado, y de la fragilidad de la condición humana, por el otro. En definitiva, la sucesión de planos del cementerio de coches plantea una crítica abierta a la cultura occidental, especialmente a la evolución tecnológica y su influencia en las formas de vida, ya que la decrepitud se muestra a través de modelos aún vigentes (el "sistema del automóvil"), que no pertenecen a un pasado remoto; una crítica que funciona además como anticipo del final del relato, que concluirá con la destrucción de los dos vehículos (solo sobrevive el hombre, David Mann).

Los encadenados que suturan estos cinco planos señalan el paso de un intervalo breve de tiempo, el que se corresponde con la siesta del protagonista. El sexto encadenado transforma, de manera progresiva (aunque rápida), el cristal roto que enmarcaba al Plymouth en la figura de David Mann que duerme recostado en su asiento, con la mano izquierda férreamente agarrada al volante, como un niño a su sonajero. Por corte neto se pasa a un plano detalle (desenfocado) de la mano sobre el volante, y, tras un travelling lateral, su rostro (más bien la mitad superior, ya que el resto permanece oculto por el salpicadero) ocupa todo el encuadre; escuchamos un sonido acusmático en profundidad de campo (sonora) que se acerca progresivamente: primero un motor (o una maquinaria), luego una sirena. Espectador y personaje identifican estos ruidos con la llegada del camión, pero... ¡falsa alarma!, es el tren (recordemos que Mann había aparcado junto a la vía). El protagonista se despierta sobresaltado, instintivamente se abate sobre los brazos, que apoya en el volante; pasado el susto respira profundamente y se ríe (aunque su semblante no recupera la calma).

Más allá de su función dramática, este acontecimiento de la diégesis posee un innegable carácter onírico, porque se corresponde con la repentina irrupción de la pulsión de muerte, que nos obliga a despertamos cuando soñamos que nos caemos por un precipicio o... un camión de varias toneladas nos pasa por encima. Aunque su efectividad se vea muy atenuada en el montaje de 1972 (que es el que estamos analizando) por el último añadido cinematográfico (5.3.8), donde el camión empujaba al coche hacia la vía para que fuera arrollado por el tren. La inclusión del "Ataque en el paso a nivel" relega, pues, "La siesta" a una simple versión onírica de un acontecimiento ya materializado con anterioridad en el plano de lo real.

Sin ni siquiera esperar a que el tren se aleje, David Mann pone en marcha su coche y retorna a la carretera.

5.3.11. El reto: las vacilaciones de Mann 1h. 00'05"

De nuevo en ruta, el trazado de la carretera discurre paralelo a la vía del tren. Todo está en calma, pero, de pronto, al aproximarse a una curva, el Plymouth frena y derrapa bruscamente, ocupando los dos carriles. Un brusco y efectista zoom de retroceso desvela el motivo: el camión espera estacionado en la cuneta. Como la cámara está situada a ras de suelo y por detrás del camión, el coche aparece debajo de su chasis. Una combinación de sonidos parecida a la que acompañaba al logo de la Universal (5.1) contribuye a crear el adecuado clima de incertidumbre. Un travelling de acercamiento descendente hacia David Mann acentúa el impacto psicológico del hallazgo. El sonido grave (gong) se manifiesta en todo su esplendor.

El camión espera con el morro asomado a la carretera, como en la segunda gasolinera (5.3.9). La habitual alternancia campo/contracampo presenta al Plymouth y al Peterbilt como dos vaqueros dispuestos a batirse en duelo. Mann no quita ojo al camión. Ni siquiera se inmuta cuando un vehículo que circula en su misma dirección está a punto de colisionar con él (solo después de derrapar consigue evitarlo). Mann aparca en el arcén opuesto, en el izquierdo. Mira a su oponente, no sabe qué hacer. Predominan ahora las campanas tubulares en la música, que ya identificamos con la exteriorización de la angustia más profunda. Anímicamente destrozado, David Mann se pasa la mano por los ojos, no cree lo que ve. De pronto arranca a toda velocidad, circula por la izquierda, exponiéndose a todo. El motor del camión se enciende, su tubo de escape vertical despide una humareda, pero no se mueve. Entra el ostinato de cuerda, siempre asociado a la persecución sin tregua, y empieza la acción. Pero no, el camión se desplaza solo lo necesario para cerrarle el paso. Mann tiene que dar la vuelta y regresar a su posición inicial. Cesa la música. El camión también recula (aunque mantiene su motor en marcha).

El protagonista sale del coche y avanza con la mirada puesta en su adversario, pero se detiene en medio de la carretera. Otra vez se recurre a la alternancia campo/contracampo característica de los duelos cinematográficos. Su figura aparece aislada, recortada en el paisaje y envuelta por el cielo, como en tantos westerns. Mann reinicia la marcha. Vuelve la música con predominio de los tambores bajos. Primero camina, después corre; tres planos de sus piernas tomadas a ras del suelo con un objetivo focal corto enfatizan notablemente la distancia que separa a los oponentes. Entretanto hemos visto fugazmente al conductor del camión, de perfil y completamente pegado al asiento (solo es visible medio rostro y un largo brazo), una imagen que minimiza su importancia en el conjunto y abunda en la idea de que el verdadero enemigo es el Peterbilt, de que el verdadero duelo tiene lugar entre el hombre (Mann) y la máquina. Cuanto más se acerca en su carrera David Mann, más se aleja el camión. Por último, se detiene. Cesa la música. Derrotado, el protagonista regresa vacilante hacia su coche.

Pero, cuando está a punto de subirse al Plymouth, observa la llegada de otro coche y hace señales para que se detenga. En un primer momento, el espectador solo escucha el ruido de un motor y ve cómo David Mann sale corriendo hacia la carretera; solo entonces una panorámica le permite ver al automóvil, un modelo antiguo (parecido a los del cementerio de automóviles, 5.3.10) que se acerca. Un plano tomado desde el asiento trasero del coche muestra a sus ocupantes de espaldas, una pareja de ancianos. El vehículo se detiene.

Mann pide a la pareja de ancianos que llamen a la policía desde la siguiente cabina, pero ellos se muestran reacios ("¿Policía?", pregunta escamado el anciano). La mujer se muestra especialmente insolidaria ("Oiga, no queremos problemas"), increpando de forma insistente a su marido ("Mejor nos vamos, arranca"; "Jim arranca de una vez"). Desde que ella interviene en la conversación, la voz de Jim apenas resulta audible. Mann se va alterando progresivamente ("¡Mi vida está en peligro! ¿No pueden hacer una puñetera llamada a la policía?"; "Acérquenme a la comisaría más próxima! ¡Les pagaré...!"). De pronto, un sonido en off perturba a los personajes.

En efecto, la parte trasera del tanque (con la palabra "FLAMMABLE" pintada dos veces) se acerca imparable hacia ellos inundando el encuadre. Una música premeditadamente similar a la que acompañaba a la célebre escena del asesinato en la ducha de *Psicosis* completa un clima de tensión y desenfreno no exento de cierto toque paródico. El coche de los ancianos retrocede, el camión se dirige hacia el Plymouth (entran las campanas de turno); Mann hace amago de subir al coche, pero se percata del peligro y huye campo a través.

Un plano tomado desde una posición elevada, aproximadamente desde lo alto del tanque del camión, seguido de otro del personaje corriendo en plano medio, filmado con la cámara al hombro (oscilante), reproduce el punto de vista de un acosador inexistente, transmite la impresión de que alguien intenta dar caza al protagonista a pesar de que el camión ni siquiera ha llegado todavía hasta el Plymouth (como sucede en el asesinato de la ducha planificado por Hitchcock, es el efecto onomatopéyico de la música lo que en realidad "golpea" al personaje).

De hecho, cuando Mann se detiene y vuelve la mirada hacia su adversario, este se encuentra a una distancia considerable. El camión para delante del Plymouth y luego se desplaza hasta ocupar su posición inicial. Una mezcla de extraños sonidos psicodélicos (tambor bajo, vibráfono o sintetizador) transmite la angustia, el desequilibrio o, quizás mejor, la paranoia que experimenta David Mann. Pero se acabaron las vacilaciones. Tanto la sucesión de cuatro planos del personaje, cuya escala se va reduciendo de manera progresiva pero abrupta (el recurso al montaje sincopado, violento, evidencia la enunciación; aunque el paso de plano americano a plano medio corto se hace respetando el "raccord" en el eje), como la música (ráfaga y repiques de vibráfono), subrayan el hecho de que David Mann ha tomado conciencia de su situación. Por eso avanza hacia el coche decidido a afrontar el duelo, un duelo ya inevitable. Finaliza el Acto V.

5.4. Desenlace

5.4.1. La aceptación del reto: "el ratón escapa del gato"

1h. 06' 33"

Por corte neto se pasa a un plano detalle de las gafas de sol de David Mann en el salpicadero del Plymouth; Mann las coge con su mano derecha y la cámara acompaña ese movimiento. En el retrovisor interior del coche vemos cómo se las lleva a los ojos. Son unas gafas que funcionan a modo de metonimia del personaje y recuerdan las del doctor Smirnov, médico de a bordo de *El Acorazado Potemkin* (*Bronenosets Potyomkin*, Sergei M. Eisenstein, 1925). Si allí representaban al miembro activo de la burguesía opresora que obligaba a comer carne corrompida a los marineros (tras dictaminar su buen estado usando las lentes a modo de lupa), aquí sintetizan la imagen del americano medio, paranoico, desequilibrado (la música psicodélica lo confirma) que, con ellas o sin ellas (5.2.3 y 5.3.9), no logra ver con nitidez el mundo que lo rodea.

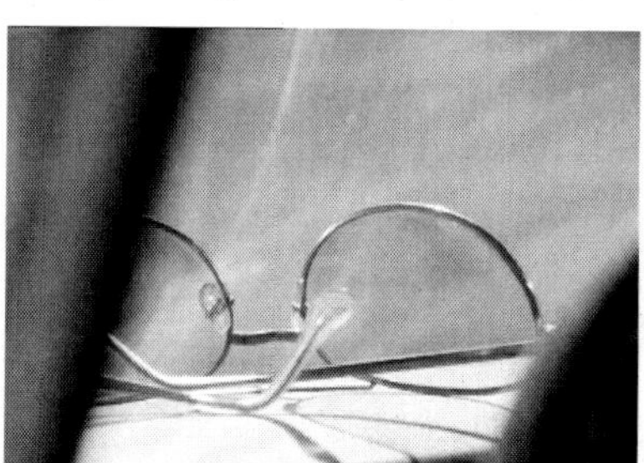

Mann se ajusta el cinturón de seguridad y pone el motor en marcha. Es el caballero moderno y motorizado, actualización del San Jorge a caballo (el gesto de calarse las gafas en el plano anterior es equivalente al de bajarse la visera de la celada), que se dispone a entrar en combate. El ritual está cargado de trascendencia, el duelo está a punto de comenzar. El coche se pone a la altura del camión. Con un gesto de la mano el camionero cede la delantera. Mann acelera. Cesa la música. El camión (el gato, el cazador) sale detrás del coche (el ratón, la presa).

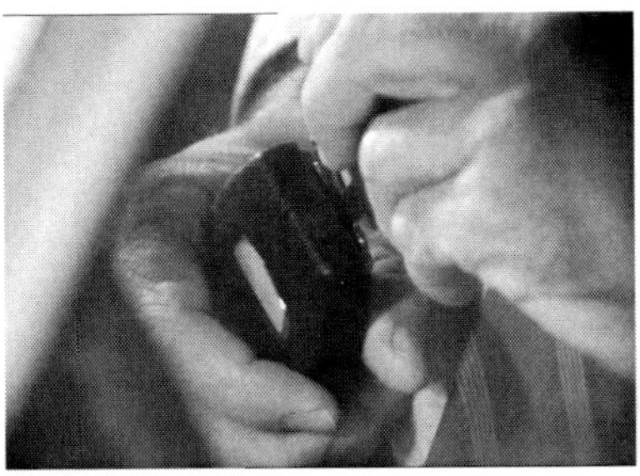

Da comienzo una persecución como la de 5.2.6, pero con una diferencia notable: ahora es tácitamente aceptada por los dos antagonistas. Las palabras que pronuncia David Mann no dejan lugar a dudas: "Vale, a ver si me cazas ahora... allá vamos". El duelo recuerda a los rituales de caza al hombre de muchas comunidades primitivas (se le deja una ligera ventaja a la presa antes de ser perseguida por el/los cazador/es), como la tribu india de *Yuma* (*Run of the Arrow*, Samuel Fuller, 1957), los aborígenes africanos de *La presa desnuda* (*The Naked Prey*, Cornel Wilde, 1966) o los mayas de *Apocalypto* (Mel Gibson, 2006). Ya hemos indicado (en 5.2.2) que la caracterización del camión, con sus colores neutros y la exhibición de numerosas matrículas a modo de trofeos, acentuaba su carácter salvaje, primitivo (recuérdese que en *La presa desnuda*, el personaje perseguido aparece desposeído de nombre propio, en los créditos figura como "Man").

La tensión dramática no es progresiva, como en 5.2.6; desde el primer momento es patente el acoso del camión. Una extraña e iterativa música, molesta al oído, confiere a las imágenes un carácter irreal, expresionista. Y esta música arranca tras un plano emblemático, que muestra el paso de los dos vehículos desde detrás del inmenso tendedero donde una mujer que cuelga la ropa desvía su mirada hacia la carretera; su rostro resulta imperceptible porque está a contraluz (como ocurría en la fugaz escena de la gramola del café de Chuck se trata de una amenaza femenina fantasma, y por tanto genérica).

Este plano cobra su auténtico sentido si lo relacionamos (por su composición) con los que mostraban el paso del coche a través de una alambrada (5.2.1 y 5.2.6), y con aquel otro en el que el efecto "flare" aparecía sobre la puerta del camión (5.3.9). La alambrada es reemplazada por un tendedero y la fuerza que da vida al camión cobra la forma de una figura femenina acechante… Quizás el origen de todos los males de David Mann haya que buscarlo en las mujeres (su mujer, su madre), en su fuerza castradora. Recordemos también que la primera aparición del camión (5.2.2) coincide con la consulta del radioyente que no sabe cómo rellenar el cuestionario del censo.

Mann conduce de forma violenta, el Plymouth hace eses, derrapa, invade el arcén. En plena carrera descubre un vehículo aparcado en el margen izquierdo que toma por un coche de la policía (la composición de colores lo confunde; el enorme bicho rojo que lleva encima parece, en la distancia, la sirena), y se desvía. Es un error, se trata del vehículo de una empresa fumigadora, cuyo nombre aparece pintado en un lateral: "GREBLEIPS" (es decir: Spielberg al revés). Mann retorna rápidamente a su carril y continúa la persecución.

Con esta broma Spielberg parece renegar del clásico y maniqueo final "Deus ex máchina" en el que la policía castiga a los malhechores y restablece el orden. No deja de resultar sintomático, teniendo en cuenta que nos movemos dentro del convulso contexto de la América de los 70 ("la década de la desconfianza"), que la policía nunca aparezca en la película, a pesar de ser invocada en numerosas ocasiones (5.3.3, 5.3.4, 5.3.9, 5.3.10 y 5.3.11). Pero también se alerta al espectador sobre la (posible) naturaleza ficticia (paranoide) de los acontecimientos ("las apariencias engañan").

"¡Vamos!" Mann acelera. La carretera está cortada por una barrera de postes que obliga a desviarse a la derecha. El Plymouth toma limpiamente el desvío pero el Peterbilt los derriba. "¡Cómo puedes ir tan deprisa!", grita David Mann. Durante un trecho, el coche y el camión corren en paralelo a un tren; suena la sirena del camión y, enseguida, el silbato de la locomotora (como en 5.3.8, existe una indudable complicidad entre las dos máquinas).

Una nueva barrera obliga a desviarse a la derecha para tomar una carretera recién asfaltada y señalizada. Esta vez es David Mann quien, al no poder esquivarla, la derriba. Se hace un corte en un labio (la primera sangre del duelo). Comienza la subida a un puerto de montaña y el camión pierde terreno. Con la boca llena de sangre, Mann mira el espejo retrovisor y se gira en dos ocasiones. Nada. El camión no aparece en el retrovisor. En su lugar, y en una nueva y flagrante falta de "raccord", la cabeza de Spielberg aparece reflejada en dos ocasiones (como ya se ha comentado el director solía viajar en el asiento de atrás del coche durante el rodaje para dar instrucciones a Dennis Weaver).

5.4.2. El manguito del radiador: "el gato acecha al ratón"

1h. 14'19"

De repente, cuando la victoria se encuentra tan cerca, un ruido extraño (¿un reventón?) pone en alerta a David Mann. Mira el espejo retrovisor (antes vemos de nuevo parte de la cabeza de Spielberg reflejada en él) y se gira por tercera vez, ahora para corroborar su mala suerte. El Plymouth despide un humo blanco y denso. ¡El manguito del radiador! ¡Se ha roto el manguito del radiador!

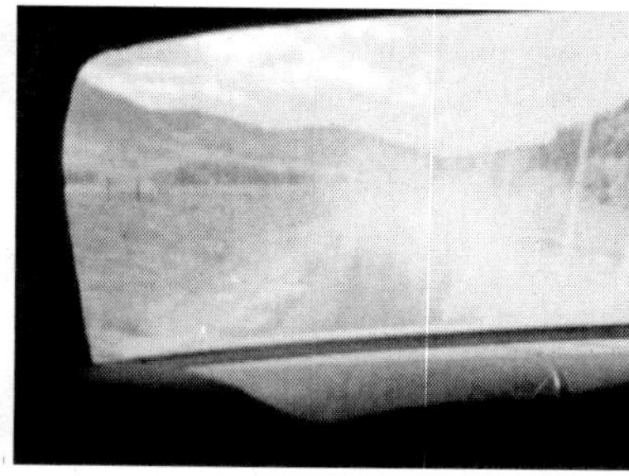

Los primeros momentos resultan especialmente angustiosos; el coche pierde velocidad y parece imposible que pueda seguir subiendo. Los indicadores del salpicadero señalan valores extremos (la velocidad cae, la temperatura sube) y el humo del radiador crea una atmosfera irreal, potenciada por las ráfagas musicales empáticas de turno y la reaparición de la música introspectiva del café de Chuck. David Mann se gira una y otra vez, ya no se fía de los retrovisores (el reflejo de la cabeza de Spielberg reaparece en numerosas ocasiones), y cada vez que se gira ve al camión más grande, más cerca. El personaje habla con su Plymouth, le suplica de forma insistente: "Vamos, vamos" (llega a decir: "Vamos, coche"), agita y golpea el volante. Tomado en contrapicado, con un objetivo focal corto, aparece prisionero en su reducido habitáculo; para enfatizar los momentos de mayor angustia (sensación de pesadilla o shock emocional), se recurre a un objetivo deformante de "ojo de pez". Estos planos, combinados con los de los indicadores (el piloto del aceite que parpadea, la aguja del cuentamillas al mínimo, la de la temperatura al máximo), los del camión acelerando y los del Plymouth con su estela de humo blanco llevan al espectador al paroxismo.

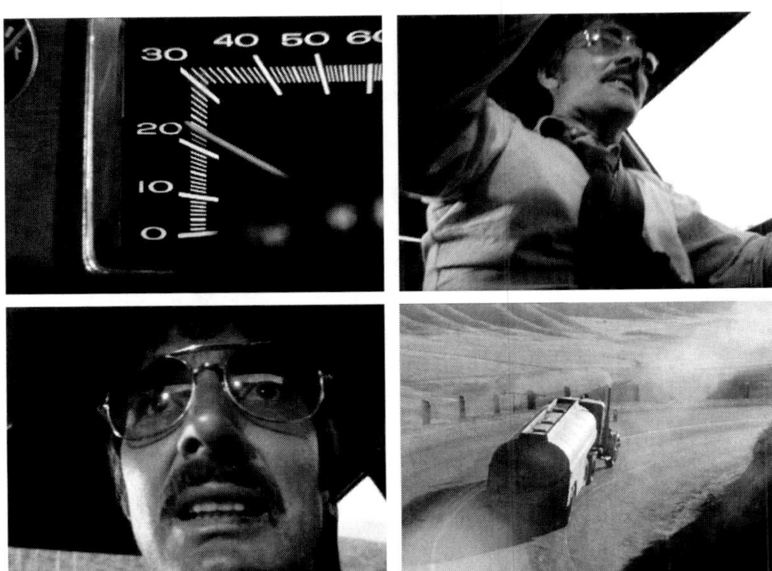

El coche consigue coronar el puerto e inicia el descenso. David Mann pone el motor en punto muerto (posición "N" en la caja de cambios automática), y los indicadores comienzan a estabilizarse. Una señal de carretera recomienda a los vehículos pesados usar la primera durante las próximas 12 millas ("Trucks Use Low Gear. Next 12 Mi."). El Plymouth desciende rápido, haciendo eses (el cuentamillas llega a alcanzar las 60 millas [más de 96 kilómetros/hora]); el camión, a pesar de la señal, le pisa los talones. La tensión aumenta. De nuevo el uso de los objetivos focales cortos crea una atmósfera de pesadilla de carácter expresionista: la cámara toma a David Mann en riguroso y claustrofóbico contrapicado; el camión aparece sobredimensionado, como una descomunal y monstruosa maquinaria fruto de un mal sueño (en un plano aplasta un tapacubos perdido por el Plymouth). David Mann no consigue accionar la llave de contacto. El camión se acerca. La cámara vibra, transmitiendo mayor dinamismo a la persecución.

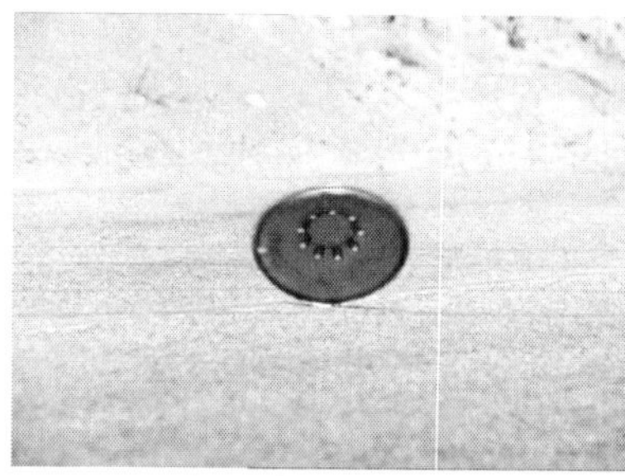

El coche emerge tras una curva (plano muy general de situación) y a los pocos segundos aparece el camión. Mann intenta desviarse a la derecha para tomar un camino ascendente, pero derrapa y choca contra un lateral de la montaña. El Plymouth acusa el impacto, el motor continúa sin arrancar (un zoom sobre el protagonista enfatiza la tensión) y el camión se acerca... La escena se resuelve de forma similar a la del ataque en la segunda gasolinera (5.3.9), con la salvación de Mann in extremis. Llama la atención, no obstante, la inclusión de tres planos tomados desde el interior del camión que, a diferencia del ya comentado de 5.2.3, coinciden plenamente con el punto de vista del conductor del vehículo. No se pueden considerar subjetivos en sentido estricto porque no se identifican con la mirada de nadie; no van seguidos de un plano del camionero que, por lo demás, como ya hemos comentado, en ningún momento del discurso aparece dotado de corporeidad al margen del vehículo que conduce.

El coche asciende por el camino. El camión va tras él. La música combina ahora las campanas y los tambores bajos con el remedo de *Psicosis*. Por un momento la cámara deja de seguir al Plymouth y, mediante una panorámica, informa al espectador de que el camino discurre paralelo a los bordes de un cañón.

Inesperadamente el camino concluye en una empalizada. David Mann da la vuelta y observa la puerta abierta del vallado por la que aparecerá el camión. Por tres fugaces cortes netos se pasa del plano general corto a un plano medio del personaje (se respeta el "raccord" en el eje). El montaje sincopado subraya el final de la huida, el momento de la última y decisiva confrontación con el camión, que ya se acerca al vallado.

5.4.3. La confrontación final

1h. 21'07"

Por corte neto se pasa a un plano general del camión tomado casi a ras de suelo, que pasa rápido frente a la cámara, como un toro bravo a la salida del chiquero. Mann bloquea el acelerador con su maletín (un zoom muestra su nombre grabado en letras doradas) y dirige el coche hacia el camión. La música se intensifica; los tambores bajos se combinan con las campanas y el sonido agudo del sintetizador. Parcialmente fuera del coche, con una mano en el volante y la otra apoyada en la puerta, David Mann salta en el último momento. El Plymouth choca contra el Peterbilt y se incendia. Sin tiempo ni espacio para rectificar (la mano derecha de su conductor intenta accionar la palanca para reducir la velocidad, al tiempo que el pie pisa el pedal del freno), el camión arrastra al coche y se despeña. Se introducen de nuevo dos planos "subjetivos", tomados desde el asiento del conductor del camión. Por última vez se escucha el sonido agónico de su sirena. La caída de los dos vehículos se recoge en un solo plano. El camión lleva abierta la puerta del lado del conductor, otra falta de "raccord" imperdonable a la que ya nos hemos referido anteriormente (el especialista tuvo que conducir el Peterbilt hasta el borde del barranco y saltar in extremis). La imagen se ralentiza (es el momento culminante de la acción dramática) y la aparatosa caída de los dos vehículos se hace eterna. A los sonidos propios de la diégesis se suman el agudo y desgarrador sonido del sintetizador que acompañaba el logo de la Universal y el rugido distorsionado del célebre hombre-reptil de *La mujer y el monstruo* (Spielberg volverá a utilizarlo en *Tiburón*). No se produce explosión alguna (cambio introducido en el guión por el director), lo que indica que el tanque del camión estaba vacío y justifica, al menos en parte, la alta velocidad que alcanzaba en las persecuciones. Una piedra que avanza hacia la cámara y se detiene frente a ella pone punto y final al clímax.

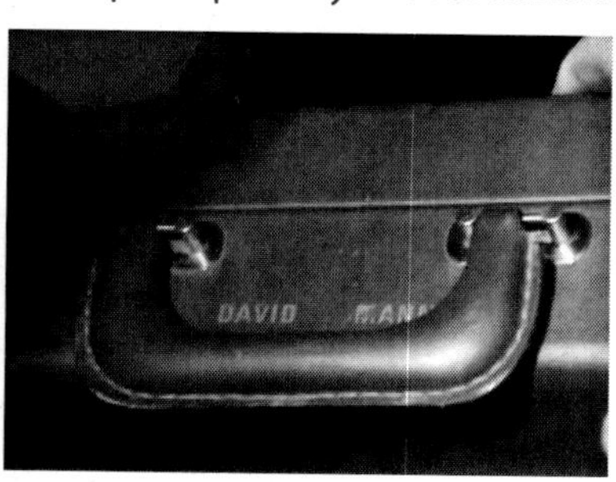

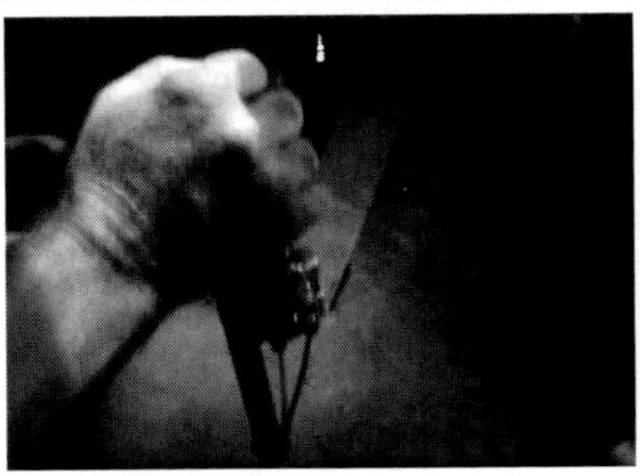

Con la destrucción del camión (la muerte de "la bestia") se resuelve el conflicto principal del relato, planteado en los dos primeros actos. No se aclaran, sin embargo, las dos preguntas que sustentaban la trama: ¿quién es el conductor del camión?, ¿por qué algo que comenzó siendo un incidente sin importancia acaba convirtiéndose en un duelo a muerte? Estos auténticos "macguffins" hitchcockianos (pretextos que originan el desarrollo de la trama pero carecen de interés en sí mismos) son los que aportan al relato toda su trascendencia, su carácter mítico, universal, y deben por tanto permanecer ocultos.

David Mann ha sobrevivido, aunque para ello haya tenido que sacrificar su automóvil y su maletín, auténticos pilares de la cultura norteamericana contemporánea. Despojado de ellos, su regresión a la barbarie se completa. El maletín con su nombre grabado funciona como un auténtico símbolo de la constitución de la sociedad (guarda contratos en su interior).

5.4.4. El resultado de la victoria

1h. 22'44"

Mann respira con excitación, corre, salta de alegría. Continúan las ráfagas agudas y desgarradoras del sintetizador. Su aspecto físico, sucio y desaliñado con los faldones de la camisa por fuera del pantalón, pero todavía con el nudo de la corbata intacto, desentona con el paisaje árido, primitivo y virgen que lo rodea. Mann se acerca al borde del barranco; necesita ver de nuevo para creer. Entonces se suceden una serie de planos descriptivos. La cámara se acerca al ventilador del camión, que aún gira y hace ondear una delgada tira de tela blanca atada a su carcasa. Un líquido oscuro y viscoso gotea del volante, no sabemos si aceite o sangre, como corresponde a esta maquinaria deshumanizada, de la que el hombre solo forma parte como engranaje. Cesa el sonido del sintetizador. Un plano tremendamente significativo cierra esta secuencia descriptiva: la cámara, en contrapicado, toma en primer término una de las ruedas del camión, que gira lentamente y al final se detiene; detrás, el borde del barranco y la figura diminuta de David Mann. Así se sintetiza la victoria clara pero paradójica del hombre contra la máquina, pues para conseguirla ha tenido que transformarse primero en un primitivo, en un bárbaro (este es precisamente el mensaje final con el que Matheson decidió cerrar su guión).

Tras contemplar el resultado de su victoria, a Mann lo invade una risa histérica. El poder hipnótico del "paisaje" le impide retirarse. Se sienta al borde del barranco y comienza a lanzar guijarros al vacío, como un niño. Por un largo fundido encadenado se pasa a un plano general corto del personaje de perfil a contraluz, su cabeza oculta al sol en el ocaso, todo se tiñe de naranja. El efecto "flare" genera unas ondas circulares que parecen emanar del protagonista. La cámara avanza hasta tomarlo en plano medio largo. Se suceden los créditos sobreimpresos en negro (sin música). La película se cierra con un fundido a negro.

El diablo sobre ruedas plantea, pues, dos regresiones: la cultural, que supone un retroceso en la escala evolutiva de la especie humana desde la civilización hasta la barbarie (elegida por Matheson como mensaje final de la película), y la psicológica, que se corresponde con el retroceso psicoevolutivo del protagonista (y por extensión de un prototipo de americano medio, vencido y traumatizado), menos patente en el guión que en la película, todo hay que decirlo, ya que en el primero no aparecen los dos elementos que más enfatizan la personalidad de David Mann: el programa radiofónico del censo y la llamada a casa.

Este anticlímax o "punto y final" es acorde, por otra parte, con la estructura narrativa clásica, ya que con él se recupera la calma, se reflexiona sobre lo ocurrido y se informa al espectador de las repercusiones del desenlace; en un sentido estricto, el "punto y final" cierra un relato. Pero... ¿el "punto y final" de *El diablo sobre ruedas* cumple realmente con estas características? La película concluye con el protagonista transfigurado por el ocaso (marcador temporal de final, recuérdese que el relato se abría por la mañana), tras haber eliminado a su antagonista (resuelto el conflicto), pero deja en el espectador una extraña, ambigua incertidumbre (final abierto, moderno): ¿es la victoria una derrota (de la especie humana)?, ¿es el futuro una vuelta al pasado (la regresión psicoevolutiva del personaje)?

6. Recursos expresivos

6.1. Narración y punto de vista

Una composición en seis actos, propia de las "TV movies", que respeta el equilibrio entre planteamiento, nudo y desenlace; la simplificación y nuclearización del relato; la obligatoriedad de los cortes publicitarios y la repetición constante de situaciones y motivos (para que el espectador no se pierda) son sin duda los aspectos más conservadores (léase televisivos[31]) que definen la estructura narrativa de *El diablo sobre ruedas*.

En páginas anteriores hemos denominado "narrador cinematográfico" a la instancia que asume la responsabilidad total del relato, su "puesta en imagen": es el que cuenta por medio de imágenes y sonidos secuenciados y montados de una determinada manera. La distancia que adopta el narrador acerca de los acontecimientos narrados construye un determinado punto de vista o focalización: su saber en relación con los personajes y el espectador. El narrador puede ser omnisciente, es decir, adoptar una visión panorámica que descubre al

31 Debemos recordar, no obstante, que la naturaleza del telefilm es la misma que la del film cinematográfico, ya que el telefilm no es más que la exageración caricaturesca de los rasgos del film (la simplificación de sus estructuras narrativas). Como ya hemos visto, el telefilm surge a partir del modelo clásico en los años 50.

espectador lo que necesita conocer en cada momento, privilegiando la transparencia narrativa (focalización cero, la del cine clásico); puede ocultarse detrás del punto de vista de un personaje (focalización interna), o bien puede estar limitado por las apariencias y percibir las cosas desde fuera (técnica objetiva o focalización externa).

En *El diablo sobre ruedas*, el narrador se muestra en ocasiones omnisciente, pero no respeta la focalización cero propia del cine clásico pues manipula en exceso al espectador, suministrando la información a cuentagotas y de forma poco transparente. No obstante, durante casi todo el discurso, abandona esta posición para adoptar el punto de vista del protagonista, David Mann (focalización interna). De principio a fin asistimos a un duelo de puntos de vista que hace justicia al título original de la película. Este elaborado trabajo de focalización es netamente cinematográfico.

La estructura informativa *espectador sabe-protagonista sabe-resto de personajes no saben* presente en la película intensifica el sentimiento de complicidad del espectador, que desea participar en diversos momentos (por ejemplo, en el café de Chuck, intentando reconocer las botas entrevistas en la primera gasolinera o cuando corre con David para averiguar la identidad del camionero). Casi siempre la información es compartida en tiempo real, aunque en ocasiones se permita al espectador advertir la presencia del camión momentos antes que el protagonista, para crear suspense (5.2.6, 5.3.7, 5.3.9). También se emplea a veces el recurso opuesto: el espectador no conoce información de la que ya dispone David Mann, y se sorprende al descubrirla (5.3.11, cuando primero vemos derrapar al coche y luego la cámara retrocede para mostrarnos al camión).

Los trazos gruesos con que Spielberg subraya el último eslabón de la estructura informativa (resto de personajes no saben) se traducen en un rechazo generalizado hacia el protagonista. Nadie lo entiende, casi todos lo consideran un desequilibrado. Su aspecto pulcro (sólo él lleva traje y corbata) choca con el del resto de los personajes, lo mismo que sus modales afectados, como en 5.3.1, cuando después de haber escuchado el relato angustiado de David Mann el viejo que lo atiende comenta, despreocupado y divertido, a un tercero: "Je, je, je... se ha hecho daño en las cervicales". Más tarde, en 5.3.7, el conductor del autobús escolar sentencia: "Pues le aseguro una cosa, si tuviera que decir quién es el loco aquí diría que usted". Incluso Sally, la empleada de la segunda gasolinera (5.3.9), y los dos ancianos a los que pide ayuda en la carretera (5.3.11) sospechan y, de algún modo, lo responsabilizan. Esta actitud induce a dudar del equilibrio psíquico de David Mann, y puede considerarse parte de los juicios de valor que el narrador omnisciente emite sobre el protagonista.

Estos juicios de valor aparecen con frecuencia en *El diablo sobre ruedas*, siempre de forma sutil (aunque no exentos de ironía), tanto a través de elementos que forman parte de la diégesis como por la propia enunciación del discurso: los planos del coche tras la alambrada (5.2.1, 5.2.6) o la mujer tendiendo (5.4.1), el programa radiofónico del hombre que ha perdido su posición en el hogar (5.2.2), la conversación telefónica enmarcada por la puerta de la secadora (5.2.3) y, sobre todo, la siesta (5.3.10)[32].

Por supuesto, la identidad del camionero nunca se desvela; solo, en contadas ocasiones, vemos un brazo, unas piernas, medio cuerpo en penumbra o parte de su indumentaria, como partes anónimas de una enorme maquinaria mecánica (5.2.2, 5.2.3, 5.2.4, 5.3.11, 5.4.3). Porque, repitámoslo una vez más, el narrador consigue que espectador y personaje den a la información el mismo sentido, y esa "naturaleza" de bestia mecánica es la que David Mann atribuye al camión (y su ocupante). Sobre este punto resulta interesante recordar algunas aclaraciones de Hitchcock a Truffaut a propósito de *Rebeca* (*Rebecca*, Alfred Hitchcock, 1940):

> [...] la señora Danvers no anda casi, nunca se la veía moverse. Por ejemplo, si entraba en la habitación en que estaba la heroína, la muchacha oía un ruido y la señora Danvers se encontraba allí, siempre, en pie, sin moverse. Era un medio de mostrarlo desde el punto de vista de la heroína: no sabía jamás donde estaba la señora Danvers y de esta manera resultaba más terrorífico; ver andar a la señora Danvers la hubiera humanizado (Truffaut, 1974: 109).

En este sentido, algunos pocos planos tomados desde el interior del camión que coinciden plenamente con el punto de vista de su conductor (en 5.4.2 y 5.4.3) no deben ser considerados como subjeti-

32 Este tipo de comentarios del narrador omnisciente sobre la trayectoria del protagonista no deben confundirse con algunos "comentarios autorales", que se manifiestan en forma de referencias y citas a otros films (*Psicosis* en 5.3.11, *La mujer y el monstruo* en 5.4.3) o al propio artífice (director entendido como autor) del discurso (aparición de "Spielberg" escrito al revés, "GREBLEIPS", en el coche del fumigador que Mann confunde con la policía, en 5.4.1).

vos en sentido estricto porque no se identifican con la mirada de un individuo. Deben entenderse como una manifestación más del "punto de vista" variable (desde dentro o desde fuera del vehículo, a la altura de la cabina o de los faros) de la bestia mecánica. Encontramos buenos ejemplos en la persecución hasta el café de Chuck (5.2.6). Planos subjetivos y semisubjetivos de este tipo aparecen con relativa frecuencia, generalmente respondiendo al clásico sistema de la enunciación fílmica para presentar de forma enfrentada a dos personajes: el campo/contracampo. La explotación de este recurso terminará convirtiendo a David Mann y al camión en dos auténticos duelistas (5.3.11).

6.2. Fotografía y montaje

Las soluciones técnicas y estéticas adoptadas en *El diablo sobre ruedas* son funcionales, como corresponde al lenguaje televisivo: fotografía saturada, predominio de los planos cortos (en cuanto a escala y duración), empleo de la angulación (picado/contrapicado) para engrandecer o empequeñecer a los personajes, uso del teleobjetivo para mostrar partes concretas del camión (transmitiendo la sensación de que por su tamaño no cabe en el encuadre) y del gran angular para convertirlo en una gigantesca bestia mecánica de efecto fantasmal. Con el zoom se consigue fijar la atención del espectador en momentos concretos; existe un predominio del corte neto como "signo de puntuación" privilegiado y del fundido encadenado para señalar elipsis de tiempo breves; el montaje narrativo lineal condensa toda una jornada (desde por la mañana hasta la puesta de sol) en hora y media, a pesar de que la linealidad espacio-temporal se rompe durante la conversación telefónica de Mann con su mujer (5.2.3); la aceleración del ritmo se logra reduciendo la duración de los planos en los momentos de máxima tensión y con la ralentización de las imágenes se prolonga la duración del clímax. Hasta las faltas de "raccord" son propias de la precariedad que caracteriza al medio televisivo.

Es la repetición, y sobre todo la acertada combinación de estas soluciones, la que proporciona a *El diablo sobre ruedas* una densidad discursiva propia del medio cinematográfico. El intenso trabajo de montaje en el interior del plano (composición del encuadre, profundidad de campo, movimientos de cámara: panorámica, travelling y zoom) desemboca, en no pocas ocasiones, en una considerable saturación de significado: plano de la alambrada (5.2.1, 5.2.6), presentación de los dos oponentes (5.2.1), conversación telefónica (5.2.3), plano secuencia de entrada al café de Chuck (5.3.2), la mujer tendiendo (5.4.1), David Mann tomado desde el fondo del barranco o enfrentado al ocaso (5.4.4), por citar solo algunos de los abundantes ejemplos ya comentados en el análisis. Existe una preocupación casi obsesiva por colocar la cámara siempre en el lugar más apropiado (y con la angulación oportuna), solo posible gracias al empleo de equipos versátiles y ligeros, que se pueden "echar al hombro" (5.3.2, 5.3.3, 5.3.11) o montar sobre un vehículo rodante ("camera car").

En cuanto a los escenarios fotografiados, se busca establecer un claro contraste entre el entorno urbano y el rural, ya desde la dialéctica misma entre la riqueza cromática característica de la ciudad y el monocromatismo propio del paisaje californiano (diferentes tonalidades de marrón sólo ocasionalmente salpicadas de verde). Por eso el Plymouth Valiant rojo destaca como intruso en un paisaje en el que se integran perfectamente el Peterbilt y su tráiler. Los paisajes agrestes y desérticos del Sur de California concuerdan bien con el carácter salvaje, primitivo del camión. De hecho en *El diablo sobre ruedas* aparecen escenarios característicos de esta zona de los Estados Unidos, que dotan a la película de una innegable vocación documental: zona residencial y Downtown de Los Angeles, carreteras secundarias circundadas por vallados y postes, el café de Chuck (auténtico bar de carretera) o los cañones del sur de California (Soledad Canyon). Debemos recordar que la película se rodó en escenarios naturales (algo infrecuente en el medio televisivo); salvo (quizás) el interior de la casa de David Mann, todo existía con anterioridad y fue solo modificado parcialmente, no recreado en el estudio.

Las faltas de "raccord" comentadas en el análisis (5.2.4, 5.3.3, 5.3.4, 5.3.7, 5.3.9, 5.4.1, 5.4.2, 5.4.3) no enturbian el notable trabajo de edición (montaje externo) llevado a cabo por el grupo de técnicos coordinado por Frank Morriss. De hecho, algunos de estos gazapos (las apariciones de Spielberg en campo, la puerta abierta del camión cuando este cae por el barranco) hallan justificación en la falta de metraje. El predominio de los planos cortos y el recurso al binomio campo/contracampo (la mejor manera de enunciar el enfrentamiento entre dos oponentes) privilegian el carácter expresivo y dramático del discurso audiovisual. Aunque el verdadero eje sobre el que pivota el montaje de *El diablo sobre ruedas* (ya lo hemos comentado en el apartado anterior) es David Mann, todo se supedita tanto a su mirada (subjetividad relativa, predominio del binomio personaje mira/lo que ve) como a su evolución externa (acciones, acontecimientos) e interna (psicológica)[33]. Un ejemplo claro lo encontramos en la interrupción del ritmo frenético de planos de la persecución cuando el coche se sale de la carretera en las inmediaciones del café de Chuck (5.2.6), y la recuperación anímica de Mann se enuncia con planos de mayor duración (5.3.1 y sobre todo el largo plano de más de dos minutos y medio que abre 5.3.2). Al montaje sincopado (con cortes bruscos y anómalos) se recurre para enunciar la toma de sus dos decisiones más importantes: aceptar el duelo (5.3.11) y afrontar el último asalto "cara a cara" (5.4.3).

En otros casos, la unión de dos planos da lugar a una asociación de ideas abstracta (montaje asociativo), como en Ataque en el paso a nivel (5.3.8): un primer plano de Mann, seguido de otro de los vagones del tren en marcha, transmite la impresión de que el personaje está siendo (psicológicamente) arrollado; o en La siesta (5.3.10), cuando un fundido encadenado convierte de forma progresiva (aunque rápida) el cristal de un viejo automóvil, a través del cual se ve aparcado el Plymouth, en el rostro de David Mann. El mensaje es claro: esto no puede acabar bien.

6.3. Sonido y música

El diablo sobre ruedas es un ejemplo paradigmático de la importancia del sonido en los discursos audiovisuales.

Un primer rasgo distintivo es la escasa presencia de diálogos. Las pocas conversaciones de la película se aprovechan para enfatizar el rechazo y la incomprensión hacia el protagonista, sus dificultades para hacerse entender. A los ejemplos ya citados (6.1), podemos añadir la conversación con el camionero del café (5.3.4) y la segunda llamada telefónica (5.3.9). Para definir su carácter, tenemos la respuesta al empleado de la primera gasolinera sobre la necesidad de cambiar el

33 Los planos neutros de situación (generales de los dos vehículos) aparecen solo cuando son estrictamente necesarios y casi siempre se explota su carácter metafórico (hacen visible la diferencia de proporciones entre los dos oponentes, parece que un gato persigue a un ratón).

manguito del radiador y la llamada telefónica a su mujer (5.2.3). Esta última conversación (añadida a la versión cinematográfica), la más larga de toda la película, contiene una gran cantidad de datos: suceso de la noche anterior, motivo de su viaje de negocios, inminente llegada de su madre... Todos ellos son enfáticos, prescindibles.

En la película se incluyen además algunos monólogos interiores. Este procedimiento enunciativo propio del texto escrito suele resultar poco operativo en el medio fílmico, capaz de reproducir la realidad en movimiento. Por eso Spielberg quiso eliminarlos y, ante la negativa de los ejecutivos, quitó todos los que pudo, conservando prácticamente solo los del café de Chuck (5.3.2 y 5.3.3) y el que acompaña el abandono del "campo de batalla" para dormir la siesta (5.3.10).

Los monólogos exteriores del personaje tienen en cambio un carácter naturalista que resulta muy convincente y adecuado al medio fílmico: expresan su estupor ante las acciones del camión o articulan sus súplicas cuando el coche se avería (5.4.2). El mismo carácter poseen las emisiones radiofónicas: las noticias y la publicidad de 5.2.1, complemento de la información que aportan las imágenes, nos sitúan en un contexto concreto (la costa oeste norteamericana, Los Angeles); el programa de consultas a la oficina del censo (5.2.1 y 5.2.2), que llama poderosamente la atención de Mann, se emplea hábilmente para caracterizar al personaje de forma indirecta (a diferencia de la conversación telefónica con su mujer de 5.2.3, tan explícita); el programa lúdico con testimonios de gente que hace música sin instrumentos, restablece el clima de tranquilidad tras los primeros adelantamientos (5.2.2).

Los dos grandes pilares de la banda sonora de *El diablo sobre ruedas* son, sin duda, los ruidos diegéticos (especialmente los de los dos vehículos) y la música, en estrecha conexión con ellos, hasta el punto de que no se pueda establecer límites precisos entre ambos.

La película comienza con la sucesión de dos sonidos, uno grave (de gong) y otro agudo (de sintetizador), sobre el logo de la Universal: ¿ruido o música? Las peculiaridades de la música compuesta por Billy Goldenberg, que no desaprovecha las posibilidades de "experimentar" que le ofrecen el cine de terror y suspense (homenaje a *Psicosis* incluido en 5.2.6, pero sobre todo en 5.3.11 y 5.4.2) y la estética "New Hollywood" hablan por sí solas: predominio de la atonalidad; potenciación del timbre y del contraste entre graves y agudos; empleo de instrumentos inusuales y de percusión (tambores bajos, gong, vibráfono, campanas tubulares); presencia de ráfagas musicales muy breves, ocasionalmente aisladas; y carácter integrador de toda la música con las imágenes y los ruidos diegéticos[34]. El sonido grave del logo de la Universal reaparece en 5.3.2, quedando asociado al camión ("golpe"), mientras el agudo (en 5.2.6, 5.4.3 y 5.4.4) expresa el impacto de su presencia en David Mann ("daño"). La combinación de ambos sonidos (auténtico "high concept" sonoro del film) reaparece al final del nudo (5.3.11), cuando el protagonista descubre que el camión lo espera para comenzar el duelo final.

Veamos un ejemplo más concreto, ilustrativo del contexto en el que aparece inmerso el sonido de gong ("golpe"). Al final de 5.3.2, cuando, tras sufrir la burla del dueño del café, Mann avanza hacia la ventana, suena un fuerte sonido grave y sordo ajeno a la diégesis ("over"). Entonces descubre que el camión está aparcado fuera. Se da la vuelta lentamente y entra el sonido grave y vibrante de gong que aparece sobre el logo de la Universal. Concluye el plano secuencia y se inicia 5.3.3, con el sonido del choque de las bolas de billar (triple "golpe", si sumamos al ruido de las bolas los dos sonidos "over" anteriores). Mann se sienta junto a la ventana. Irrumpe una música extradiegética atonal y reiterativa que crea la atmósfera adecuada para entrar en su mente. Una música empática, supeditada al punto de vista predominante en el relato, que como toda la que aparece en *El diablo sobre ruedas* traslada las emociones del protagonista al espectador. Incluso cuando es diegética (cuando suena en la radio), en 5.2.6, se acelera artificialmente para adaptarse al ritmo frenético de la persecución.

Es una música que, por sí sola, sin necesidad de recurrir a otros recursos expresivos, plantea la doble regresión, psicológica y cultural, a la que ya nos hemos referido en el análisis: hace audibles los (invisibles) mecanismos de la mente del protagonista, en especial los relacionados con su inconsciente, y expresa la barbarie propia del ritual de caza al que se ve sometido. Los efectos en el espectador (oyente) son demoledores.

---

34 En la partitura de Goldenberg se aprecia la influencia del Bernard Herrmann de *Psicosis* y *Los pájaros* (*The Birds*, 1963), película sin música para la que el reputado compositor supervisó el diseño de los efectos sonoros (ruidos de las aves), y la del Jerry Goldsmith de *El planeta de los simios* (*The Planet of Apes*, Franklin J. Shaffner, 1968).

La irracionalidad musical alcanza su cenit coincidiendo con el desenlace (5.4). Después de la destrucción del camión, no escuchamos una melodía resolutiva o sedante (expresión del final del conflicto, de la recuperación anímica del personaje), sino la prolongación del sonido agudo de sintetizador que se repite como un interminable y desconcertante bucle, cuyos intersticios ocupan los diferentes ruidos diegéticos: caída de tierra y piedras, el movimiento de una rueda del camión, la extinción del fuego del coche, el movimiento del ventilador y el goteo de la sangre/aceite del volante.

Los ruidos diegéticos cumplen a la perfección con sus funciones más convencionales (léase televisivas) en *El diablo sobre ruedas*: aparecen bien sincronizados con las imágenes y potencian la continuidad visual entre los planos ("raccord"), logrando la plena eficacia narrativa. En cuanto a sus otras funciones (léase cinematográficas), aparte de su ya ilustrada conexión con la música, debemos destacar dos: la exacerbación del efecto naturalista propio de la imagen animada y el uso del sonido en off (fuera de campo). Lo primero se logra recurriendo a presentar de forma reiterada "primeros planos" de los sonidos que emiten el coche y el camión, sonidos que, al igual que las imágenes, se superponen y pugnan entre sí, a veces dentro de un mismo plano (el ruido del camión sustituye o "apaga" a las voces de la radio en 5.2.2). Pero este "hiperrealismo sonoro" (al igual que las extravagancias de la música) queda siempre subordinado a la eficacia narrativa del discurso: en 5.3.9, cuando Mann llama por teléfono a la policía desde la segunda gasolinera, la cámara lo toma desde fuera de la cabina, pero escuchamos su conversación desde dentro y al camión, que se acerca a toda velocidad para embestirlo, desde fuera. Con ello se incrementa la sensación de suspense del espectador.

La introducción de ruidos cuya fuente no está presente en el encuadre, pero sí en el entorno de los personajes, explota el efecto sorpresa: en 5.3.3, sabemos lo que pasa al mismo tiempo que el protagonista por el timbre de la máquina registradora y, en 5.3.5, por el sonido del motor del camión. En 5.3.10, se confunde a espectador y personaje a un tiempo: primero se introduce el ruido del camión y luego se presenta un tren en marcha. Un caso extremo lo encontramos en 5.2.1, cuando se suspende la "trampa" de la sincronización entre imagen y sonido (otorgándole completa autonomía al segundo): unos pasos y los ruidos de un coche, con la pantalla totalmente oscurecida, son los que abren el relato.

6.4. El estilo, los estilos

El diablo sobre ruedas participa de la retórica propia de la ficción televisiva, pero como "TV movie" incorpora una serie de rasgos reconocibles característicos de la retórica cinematográfica del momento (del manierismo y de New Hollywood) que avalan su calidad como producto diferenciado del telefilm, porque ya han sido plenamente asumidos por los espectadores como propios del cine "moderno", "comercial" y de "calidad"[35]. El contraste entre un planteamiento muy sencillo, televisivo (una fuerza A se enfrenta a otra B) y una riqueza significante cinematográfica también nos remite al "high concept", la estrategia ideada por Diller para comercializar un producto híbrido, la "TV movie". Pero vayamos por partes.

El rasgo esencial del manierismo, la configuración de la "mirada del narrador" como una "mirada" que ya no es invisible para el espectador y lo hace partícipe de sus juegos, es el dispositivo clave de *El diablo sobre ruedas*. La posición de la cámara nos conduce a la experiencia del engaño, especialmente por la adopción sistemática del punto de vista del personaje protagonista; con él, desde su Yo, somos convocados a compartir sus espejismos (González Requena, 2006: 568).

El héroe (David Mann) sigue siendo el centro del mundo, sí, pero este mundo ya no está ordenado, como en el relato clásico, sino que resulta opaco, caótico, ambiguo y, lo que es peor, castrador. Es un mundo irreal, interior, que se materializa a través de escenografías de raigambre pictórica: desde los áridos paisajes, que ilustran su regresión a la barbarie, hasta el cementerio de coches, modernización del "paisaje de ruinas", pero sobre todo a través del camión, esa bestia monstruosa que es la encarnación de los miedos más ocultos, del desequilibrio y del caos (del "ello" triunfante).

En definitiva, el héroe se diluye en un juego de representaciones y su estatuto se ve sumamente debilitado por una creciente caracterización de corte psicologista: se muestra débil, incapaz de estar a la altura de la

35 Uno de los mejores representantes del manierismo es Alfred Hitchcock, con títulos como *La ventana indiscreta* (*Rear Window*, 1954), *De entre los muertos* (*Vertigo*, 1958), *Con la muerte en los talones* (*North by Northwest*, 1959), *Psicosis* o *Los pájaros*, aunque en 1971 era el estilo New Hollywood el que estaba de moda, avalado por sus tres películas bisagra: *Bonnie y Clyde*, *El graduado* y *Easy Rider*.

demanda femenina (5.2.3), o se convierte en una figura vacía, carente de identidad (González Requena, 2006: 568). ¿Quién es en realidad David Mann? Cuando llama por teléfono en la segunda gasolinera (5.3.9), tiene que deletrear su nombre, los personajes con los que se encuentra ponen constantemente en tela de juicio su versión de los hechos...

La presencia de encuadres saturados de información (sobre todo por el uso y abuso de la profundidad de campo) en los que el protagonista aparece descentrado es otro rasgo que subraya la artificialidad de la imagen cinematográfica, el predominio de la representación (de la puesta en escena, el montaje y la escenografía) sobre la narración: plano de Mann encogido en el suelo (tras la pelea en el café) en primer término (su figura aparece incompleta) y a la derecha del encuadre, en segundo término el encargado intenta calmar al agresor, y al fondo el resto de los clientes observa el bochornoso espectáculo (5.3.4); la cámara, en contrapicado, toma en primer término una de las ruedas del camión, que se va deteniendo (muriendo) lentamente, detrás el borde del barranco y la figura diminuta del protagonista (5.4.4). Igual sucede con la proliferación de planos detalle de los retrovisores. El espejo es una imagen de una imagen, y contribuye a crear una doble perspectiva que potencia la bidimensionalidad. Como la pantalla del cine o la televisión, ofrece a nuestra mirada imágenes reflejadas que nos generan una inquietante sensación de realidad (por oposición a la "verdad mitológica" del film clásico).

Con todo, el estilo cinematográfico más reconocible en *El diablo sobre ruedas* es el de New Hollywood, en plena boga cuando se estrenaron tanto la "TV movie" (1971) como la película (1972). Casi todas las técnicas asociadas a la modernidad cinematográfica están presentes en el film (hay que tener en cuenta, no obstante, que muchas proceden de la televisión, se pueden rastrear ya en "Eyes", el primer telefilm de Spielberg): uso del zoom, teleobjetivo, montaje sincopado, efectos ópticos (cambio de foco en el plano, "flare"), eliminación de fundidos en favor del corte neto, importante desarrollo del proceso de edición del sonido y predominio del rodaje en escenarios naturales con equipos más versátiles y ligeros (cámara al hombro, "camera car"). El plano-secuencia propiamente dicho (tan presente en los "nuevos cines" europeos) solo aparece en una ocasión (5.3.2), aunque, como ya se ha comentado, con relativa frecuencia el montaje interno a través de los movimientos de la cámara sustituye al montaje externo (multiplicación del corte característica del cine clásico).

La crisis de la coherencia narrativa clásica también halla su reflejo en *El diablo sobre ruedas*, que posee una férrea estructura televisiva quebrantada por un final abierto (moderno). La presencia de ambientes y fenómenos característicos de la época desde una óptica documental o hiperrealista (su gusto por el detalle y el naturalismo tanto en la planificación como en el uso del sonido) contribuye a enturbiar un relato que se articula en torno al viaje (road movie): la única línea de acción la marca el desplazamiento del protagonista, responsable también de fragmentar la narración, que se convierte en una sucesión de episodios. De hecho, la estética de la ópera prima de Spielberg entronca directamente con el hiperrealismo pictórico norteamericano de finales de los 60 y los primeros 70, cuyos pintores recrean una imaginería a base de automóviles, gasolineras, señales de tráfico, carteles, cementerios de coches (John Salt), hombres y mujeres vulgares, etc., partiendo de la utilización de multitud de fotografías y valiéndose de esos encuadres, así como de otros efectos puramente fotográficos: angulaciones extrañas, puntos de vista fragmentarios de los objetos que representan, la no-distancia de la técnica instantánea fotográfica (Chuck Close) y la aparición de superficies reflectantes como los escaparates o las carrocerías de los vehículos (Richard Estes, Ralph Goings y Don Eddy).

Las escenas de acción son realistas y están a la altura de cualquier título de New Hollywood, pero se trata de una violencia contenida que se desborda, no de la celebración apoteósica de la violencia presente en tantos thrillers de finales de los 60 y los primeros 70. Además, David Mann encarna el cuestionamiento del protagonismo y punto de vista masculinos característico de New Hollywood, muy presente en el cine norteamericano desde *Bonnie y Clyde* y *El graduado*.

Por último, el film que nos ocupa anticipa un rasgo esencial de lo que va a ser el Hollywood postclásico y postmoderno (a partir de 1975): el "high concept", lo que lo convierte en un claro antecedente de *Tiburón*. La ópera prima de Spielberg incorpora ya algunos de los elementos que luego se desarrollarán plenamente en su primer gran éxito de taquilla: dialéctica entre el hombre y el monstruo, iteración de los ataques como soporte de la estructura narrativa, articulación en torno a géneros populares (thriller, terror) e incluso presencia de un "high concept" musical muy peculiar (sonidos de gong y de sintetizador que acompañan al logo de la Universal en 5.1).

7. Lecturas

El diablo sobre ruedas presenta una situación cotidiana que se convierte en extraordinaria y, ante la falta de explicación racional, adquiere carácter mítico. Por eso el texto fílmico que nos ocupa invoca tal variedad de géneros cinematográficos (thriller, western, road movie, fantástico y terror), quedando además abierto a las más diversas lecturas: David enfrentado a Goliat, condena de la mecanización (lucha del hombre contra la máquina), simple ejercicio de suspense, alegoría sobre la crisis de la cultura norteamericana, estudio clínico de un individuo enfermo, etc. Creemos que estas dos últimas lecturas son las que mejor contribuyen a poner orden sobre la red de significantes que se entrecruzan en la ópera prima de Spielberg. Y parece ser que el propio director ya lo entendió así desde el principio:

> Todas las lecturas simbólicas que los críticos hicieron luego de *El diablo sobre ruedas* ya las había previsto yo sobre la marcha. Pero en el día a día, durante el rodaje, no me preocupaban ni lo más mínimo. Lo que yo realmente quería mostrar era hasta dónde puede llegar la paranoia de los norteamericanos. *El diablo sobre ruedas* fue un ensayo sobre la paranoia (Taylor, 1992: 78).

7.1. La encrucijada de los géneros

Todos los films recurren a convenciones de más de un género (fenómeno que se agudiza a partir del final del clasicismo). El análisis del texto fílmico enfocado desde esta perspectiva permite estudiar cómo se encarnan esas convenciones en un caso concreto. En *El diablo sobre ruedas* se produce un cruce de géneros que preludia el pastiche propio de los grandes paradigmas de la postmodernidad, como *La guerra de las galaxias* o *Terciopelo azul* (*Blue Velvet*, David Lynch, 1986), ya que los géneros aparecen descontextualizados, obligando al espectador a tener que recolocarlos.

A continuación vamos a rastrear en la ópera prima de Spielberg las convenciones de cinco de los géneros cinematográficos más populares: el thriller, el western, la road movie, el fantástico y el terror.

7.1.1. El thriller

El thriller explora los sentimientos más viscerales del espectador (miedo, suspense, excitación), colapsando la narración de elementos que contribuyan a ello. Es una etiqueta que ha sido aplicada a una amplia gama de películas, por eso Rubin (2000: 12) no considera el thriller un género al uso, como el western o la ciencia-ficción, sino un "«metagénero» que engloba a otros géneros bajo su manto y como una banda en el espectro que colorea a cada uno de esos géneros particulares". Las principales referencias al thriller que encontramos en *El diablo sobre ruedas* proceden de la obra de un mismo director, el que más ha contribuido a la configuración de esta categoría o "metagénero", Alfred Hitchcock, lo cual facilita mucho las cosas.

El hecho de que la sombra del cineasta británico se deje sentir con claridad en la ópera prima de Spielberg no tiene nada de particular. En los años 60 y 70 la "política de los autores" (diseñada por la revista francesa *Cahiers du Cinéma*) coloniza las escuelas de cine y las publicaciones especializadas de los Estados Unidos, con Hitchcock como uno de los modelos a imitar más aclamados. Muchos cineastas norteamericanos que comenzaban su carrera en ese momento encontraron un auténtico "tratado sobre la dirección de películas" (al que ya hemos tenido ocasión de recurrir) en la edición inglesa (1968) de *Le cinéma selon Hitchcock* (Paris, Laffont, 1966), la larga entrevista en la que François Truffaut desentrañaba los modos de hacer del "maestro del suspense", Clint Eastwood (*Escalofrío en la noche, Play Misty for Me*, 1971) y Brian de Palma (*Hermanas, Sisters*, 1973), entre otros[36].

El cine de Hitchcock destaca ante todo por poner el énfasis en la psicología individual y los puntos de vista subjetivos, buscando la implicación emocional del espectador. Estas características se pueden observar ya en sus thrillers de espías realizados durante su periodo británico, como *Alarma en el expreso* (*The Lady Vanishes*, 1938). En los 50 ensaya nuevas formas narrativas enfatizando la focalización en el personaje protagonista (clave de la estética manierista), como en *La ventana indiscreta* o *Vértigo*, además de realizar la versión más acabada del thriller de espías, *Con la muerte en los talones*, que fija definitiva-

---

36 Mel Brooks se aprovechó de esta coyuntura favorable para explotar las taquillas con una olvidable parodia del cine de Hitchcock: *Máxima ansiedad* (*High Anxiety*, 1977).

mente el arquetipo del hombre corriente enfrentado a una situación límite, que se ve inmerso en una compleja trama, circunstancia que lo aísla y lo priva de la comprensión de los que lo rodean. Con *Psicosis* puso de moda un subgénero del thriller (y/o del cine de terror): el slasher, las películas de psicópata asesino, que conocerán una espectacular proliferación a partir de los 80 (algunas veces en forma de sagas interminables, como las de *Halloween* y *Viernes 13*). El interés creciente del director británico por romper la verosimilitud y la coherencia del relato clásico en favor de la más absoluta gratuidad y el alambicamiento de la puesta en escena alcanza su cumbre en *Los pájaros*.

Los procedimientos narrativos y discursivos propios del cine de Hitchcock que aparecen en *El diablo sobre ruedas* (predominio de la subjetividad relativa, juegos con la estructura informativa para crear suspense o sorprender al espectador, "macguffin", todos ellos característicos de la estética manierista) ya han sido estudiados a lo largo del análisis y el capítulo de los recursos expresivos. Detengámonos ahora en las tres referencias más explícitas a títulos concretos del "maestro del suspense" que aparecen en el film. El planteamiento aparentemente absurdo, el inexplicable acoso del camión, remite sin duda alguna a la trama de *Los pájaros* (como los de las aves, los ataques del camión resultan cada vez más violentos y demoledores)[37]. El ataque en la segunda gasolinera, cuando Mann se encuentra en la cabina intentando hablar por teléfono (5.3.9), recuerda al de la avioneta fumigadora de *Con la muerte en los talones*, que también sucede en un paisaje desértico e incluye la presencia de un camión cisterna, que casi atropella a Roger Thornhill (Cary Grant) cuando éste sale a la carretera, antes de que la avioneta se estrelle contra el vehículo. Finalmente, como ya se ha comentado, las notas musicales que subrayan el acercamiento del camión al coche en 5.2.6, 5.3.11 y 5.4.2 evocan la banda sonora de Bernard Hermann para *Psicosis*.

---

37 Es interesante reseñar la respuesta que dio Hitchcock a Truffaut cuando éste, a propósito de *Los pájaros*, le comentaba la incredulidad del público: "Sí, en efecto. Van al cine, se sientan y dicen: «Muéstreme». Luego sienten deseo de anticipar: «Adivino lo que va a suceder». Y yo me veo obligado a recoger su desafío: «¡Ah, sí! ¿Con que eso cree? Bueno, vamos a ver» En *The Birds* (*Los pájaros*) he procedido siempre de tal manera que el público no pueda adivinar cuál será la escena siguiente" (Truffaut, 1974: 247).

7.1.2. El western

El título original de *El diablo sobre ruedas, Duel,* evoca el de algunas famosas películas del Oeste como *Duelo al sol* (*Duel in the Sun*, King Vidor, 1946), *Duelo en Silver Creek* (*The Duel at Silver Creek*, Don Siegel, 1952) o *Duelo en Diablo* (*Duel at Diablo*, Ralph Nelson, 1966). Otros elementos propios del género que aparecen en la película, además del duelo, son la persecución y la emboscada, pero el más interesante (por afectar a la estructura misma de estos relatos) es la contraposición de arquetipos entre el hombre del Este, que vive por y para la ley (su espacio es la ciudad) y el hombre del Oeste, que sigue sus propias reglas (su espacio es el desierto y en general los paisajes sin urbanizar). En *El diablo sobre ruedas,* Mann encarna al hombre del Este (lleva camisa y corbata, vive en la gran ciudad), mientras el camionero (viste vaqueros y botas, pertenece al medio rural) encarna al del Oeste, aunque en su condición de cazador salvaje que fuerza a su oponente a participar en una especie de ritual primitivo (parecido al "run arrow" de *Yuma*), también incorpora rasgos propios del arquetipo del indio. El enfrentamiento entre ambos tiene lugar en la carretera ("el camino"), la mejor metáfora de la frontera (el western recoge el proceso de colonización de los Estados Unidos), pero no solo de la frontera en este sentido histórico, sino también de la propia frontera espacial que separa a la ciudad del medio rural. Como en *El hombre que mató a Liberty Valance* (*The Man Who Shot Liberty Valance*, John Ford, 1962), el hombre del Este se ve obligado a abandonar la ley, los valores en los que siempre ha creído, para vencer al hombre del Oeste.

Si en el western la calle de la incipiente ciudad funciona como el elemento dinámico y dramático por excelencia, el espacio donde tiene lugar el duelo, aquí lo es la carretera, donde transcurre casi toda la acción, incluido parte del enfrentamiento final, tanto tiempo aplazado. El propio Spielberg se ha referido (lo hemos visto) a *Sólo ante el peligro*. Casi toda la diégesis de *El diablo sobre ruedas* se desarrolla en espacios abiertos, paisajes desérticos en los que predominan los cañones (en 5.3.11, la silueta de Mann se recorta contra el cielo imitando la poética visual del western), mientras el "saloon" (léase café de Chuck) funciona como el lugar de encuentro donde se toman decisiones importantes.

El cine del Oeste es un género tradicionalmente escéptico frente a las ventajas que trae consigo la civilización. La aparición del coche en algunos westerns crepusculares tiene siempre connotaciones negativas, como en *La balada de Cable Hogue* (*The Ballad of Cable Hogue*, Sam Peckinpah, 1970), donde acaba con el viejo pistolero que no puede detener su avance. Esta reflexión adquiere un significado especial en *El diablo sobre ruedas*, tanto por la presencia del cementerio de coches (5.3.10), como por la resolución final del relato, que supone la destrucción de las dos máquinas (coche y camión).

7.1.3. La road movie

Con la road movie sucede un poco lo mismo que con el thriller, solo podemos considerarlo un género si le concedemos un estatuto diferente al de los géneros clásicos, al menos por dos razones: surge con New Hollywood (en plena crisis del cine clásico de género) y, sobre todo, su estructura se amolda a la perfección a la de otros géneros, como la comedia, el drama o incluso el cine negro, además de contener muchos elementos característicos del western. Sirvan de ejemplo *La diligencia* (*Stagecoach*, John Ford, 1939) o *Dos hombres y un destino* (*Butch Cassidy and the Sundance Kid*, George Roy Hill, 1969). Laderman (2002: 43) sitúa la contracultura como el condicionante socio-histórico que explica el desarrollo de la road movie, por eso considera la novela *On the Road* (Jack Kerouac, 1957) como el modelo literario del género y valora la importancia fundacional de una película como *Easy Rider*, incluso por encima de *Bonnie y Clyde*[38]. Aunque, y a diferencia de *Loca evasión*, *El diablo sobre ruedas* no posea el carácter contracultural de las primeras road movies (especialmente en lo que a la extracción social de su protagonista se refiere), el film que nos ocupa incorpora el resto de los requisitos propios del género[39]: estructura narrativa en torno al desplazamiento por carretera, rodaje en exteriores con el empleo de "camera-car" y, sobre todo, carácter simbólico del viaje que resulta tanto una trayectoria por la propia identidad del protagonista (viaje interior), como una visión panorámica de la sociedad norteamericana con los conflictos característicos del momento (viaje sociológico). A este último aspecto dedicaremos las dos lecturas restantes (7.2 y 7.3).

---

38 El autor también presta atención a la "Highway Culture" de los 50 como condicionante socio-histórico que precede el desarrollo de la road movie (pp. 37-42).

39 No en vano aparece en algunos de los corpus fílmicos más célebres de la road movie, como en los textos de Williams (1982: 55-57) y Frasca (2001: 225-228).

7.1.4. El cine fantástico

El diablo sobre ruedas es una película terriblemente realista y, en ella, está presente en todo momento lo inverosímil. ¿Hay en esto una contradicción? Veamos la opinión de Rentero (1978: 48):

> [...] *Duel* resulta sin remedio un film absolutamente fantástico y, por supuesto, fuera de toda realidad concretizada, ya que delata una injerencia en terrenos sublimados que a su vez sobrepasan todo tipo de lógica. Esto es lo que me lleva a una auténtica sorpresa, al comprobar que la mayoría de las críticas de *Duel* se detienen a examinar el carácter realista de la película. Creo que es una flagrante contradicción, la ignorancia a omitir todo el sentido externo de la cinta, en principio, así como violar uno de los más importantes ejes donde descansa el film: el fantástico, antes citado, bien entendido desde una óptica de puro juego onírico. [...] *Duel* puede ser tanto una pesadilla como un sueño –si no ambas cosas a la vez–, pero jamás una realidad, y de hecho me temo que Spielberg la realizó con esta misma intencionalidad.

La convivencia del realismo con lo fantástico no debe verse, pues, como una contradicción, ya que la hiperrealidad es un elemento fundamental del relato fantástico pues sin ella no podría producirse, de manera efectiva, la ruptura que caracteriza al género. Ferreras (1995: 20-21) considera que son tres los rasgos esenciales que lo definen:

a) Existe, al menos, un elemento sobrenatural inédito (que no sigue las leyes naturales).
b) Los aspectos más comunes de lo cotidiano deben mostrarse a través de un realismo llevado al extremo (hiperrealidad), que parece representar un universo tan aburrido que no merece ni siquiera que se mencione.
c) La narración fantástica opone de manera constante al protagonista, víctima del elemento fantástico, con sus estructuras sociales, representadas por su familia, sus vecinos o sus conciudadanos.

Todorov (1974), uno de los teóricos más reconocidos del género, observa que, en el mundo "real" en que vivimos, ante un acontecimiento en apariencia inexplicable, sólo podemos escoger entre dos opciones: o bien lo consideramos un producto de nuestra imaginación o, por el contrario, admitimos que realmente ha ocurrido. Pues, bien, lo "fantástico" ocupa exactamente el tiempo que dura la incertidumbre y termina cuando realizamos la elección. Lo "maravilloso", en cambio, presupone la aceptación de lo inverosímil, como en las fábulas o en los cuentos de hadas.

El diablo sobre ruedas representa un ejemplo de lo fantástico en su tradición más pura, la literaria, entroncando directamente con la concepción decimonónica del género: los cuentos de Ernst Theodor Amadeus Hoffmann (1776-1822), Edgar Allan Poe (1809-1849) o Guy de Maupassant (1850-1893). Como ha escrito Italo Calvino (1996: 12):

> [...] el «cuento fantástico» nace en Alemania como sueño con los ojos abiertos del idealismo filosófico, con la declarada intención de representar la realidad del mundo interior, subjetivo, de la mente, de la imaginación, dándole una dignidad igual o mayor que a la del mundo de la objetividad y de los sentidos [...] y aquí un nombre destaca por encima de todos: Hoffmann.

Existen dos vías dentro del cuento fantástico, la "visionaria" y la "cotidiana" (Calvino, 1996: 19):

> La ejemplificación más clara de estas dos direcciones podemos encontrarla en Poe. Sus cuentos más típicos son aquellos en los que una muerta vestida de blanco y ensangrentada sale del féretro en una casa oscura cuyo fastuoso mobiliario respira un aire de disolución. *La caída de la casa Usher* constituye la más rica elaboración de este tipo. Pero tomemos *El corazón revelador*: las sugestiones visuales, reducidas al mínimo, se han concentrado en un ojo abierto de par en par en la oscuridad, y toda la tensión se centra en el monólogo del asesino.

A medida que avanza el siglo XIX, se observa un predominio cada vez mayor de lo cotidiano y de la narración en primera persona, que sustenta un relato apoyado exclusivamente en las sugestiones de su protagonista. Maupassant asegura que el progreso tecnológico ha hecho que el hombre cambie para siempre su percepción de lo sobrenatural. Ya no puede creer en leyendas antiguas y ello obliga al autor de relatos fantásticos a mostrar una mayor sutileza para conseguir en el lector ese escalofrío de inquietud, todavía posible porque, en suma, "sólo se tiene miedo de lo que no se entiende"[40]. Este aspecto resulta fundamental en *El diablo sobre ruedas* pues, como hemos visto, el predominio de la focalización interna (equivalente a la primera persona gramatical[41]) contribuye a recrear en todo momento el estado anímico de David Mann.

---

40 Estas apreciaciones del escritor francés aparecieron por primera vez en *Le Gaulois*, el 7 de octubre de 1883 según indica Concepción Palacios (1986: 19-21).

41 En el cine resulta poco efectivo contar en primera persona (cámara subjetiva) todo el relato.

7.1.5. El cine de terror

El cine de terror se halla estrechamente ligado a la ciencia-ficción y al cine fantástico. Un mismo film puede clasificarse como fantástico/terror (si lo que asusta son elementos sobrenaturales) o como ciencia-ficción/terror (si por el contrario estos elementos son fruto de la especulación científica o derivan de cualquier actividad del ser humano). La polémica aparece a la hora de mezclar el fantástico y la ciencia-ficción, desde nuestro punto de vista rara vez conciliables. En *La guerra de las galaxias,* hay naves espaciales, pero estas no son fruto del avance científico del hombre, sino que pertenecen a un universo diegético equivalente al de los cuentos maravillosos. Solo hay que recordar la célebre frase con la que se abre cada uno de los films de la saga: "Hace mucho, mucho tiempo, en una galaxia lejana, muy lejana..." ("A long time ago in a galaxy far, far away..."), versión renovada del "Érase una vez..." de los cuentos ("Once upon a time...").

Un elemento que suelen compartir el cine fantástico, el de ciencia-ficción y el de terror es la presencia de monstruos. Según Sánchez-Noriega (2004: 337-338), el monstruo cinematográfico puede ser un animal conocido (tiburones, gorilas), un viviente surgido de la evolución o de cualquier tipo de mutación, un ser legendario o del pasado (vampiros, saurios), un extraterrestre, un humano sometido a la experimentación o incluso una máquina (humanoides, robots). Pero siempre se caracteriza por su ferocidad y por resultar una terrible amenaza para las personas, "una extraordinaria capacidad y voluntad inteligentes de hacer el mal que convierten a toda bestia en un personaje paradójicamente muy humano". Todos los monstruos cinematográficos funcionan además como una proyección de los miedos y pesadillas del ser humano.

En *El diablo sobre ruedas,* David Mann se enfrenta a un monstruo que no es un animal terrible ni un humanoide, sino la máquina más humanizada que ha creado el hombre, el automóvil, el revulsivo de su progreso, en una versión mucho más cercana de lo que la ciencia-ficción nos suele ofrecer. La rebelión de una máquina creada por el hombre permite incluir la película dentro del género de ciencia-ficción[42] muy a regañadientes, ya que a bordo del camión viaja un conductor. Es la forma de presentar esa monstruosa mezcla de hombre y máquina (dotada de ferocidad animal y personalidad psicopática) lo que realmente

42 Como lo hace Philip Strick (1976: 58-59).

perturba al espectador. Porque a lo largo de la película se va dotando al camión de características animales: acosa ferozmente al protagonista como un lobo hambriento, cuando hace sonar su sirena recuerda a un elefante enfurecido, y en algunos momentos parece un toro bravo (5.2.3 y 5.4.3). En otras ocasiones se presenta como un monstruo legendario (dragón, dinosaurio), propio de los dibujos animados o las películas de serie B de los 50: cuando surge del túnel como si abandonase su guarida en 5.3.7, pero sobre todo al final del film (5.4.3), en esa muerte lenta y dilatada que se acompaña del rugido de una auténtica criatura legendaria, el célebre hombre-reptil de *La mujer y el monstruo*.

En definitiva, *El diablo sobre ruedas* tiene mucho de monster movie, y el camión es un antecedente claro del gigantesco escualo que aparece en *Tiburón*.

7.2. Una paranoia de David Mann[43]

Al igual que los enfermos paranoicos que sufren de manía persecutoria, David Mann se encuentra solo frente al terror, siente que la amenaza está en todas partes. La focalización interna y los juegos del narrador omnisciente hacen que el espectador lo "viva" muy intensamente.

La teoría psicoanalítica sobre la paranoia más conocida es la de Freud, que la define como una manera de negar la homosexualidad proyectándola al exterior en forma de perseguidor (simbólicamente el padre). Desde esta perspectiva se puede interpretar el simbolismo del coche pequeño acosado por un enorme y monstruoso camión; la secuencia en la que el Plymouth no tiene potencia para empujar ("dar por detrás") al autobús escolar, mientras el camión (el gran acosador homosexual[44]) lo hace sin dificultades (5.3.7); la del ataque en el paso a nivel, una tremenda y traumática "violación" (5.3.8), o la destrucción final de los dos vehículos, que termina por materializar la fantasía homosexual: chocan y caen juntos por el barranco en una especie de abrazo mortal o "liebestod"(Crawley, 1983: 27).

43 Para la elaboración de este apartado hemos partido de las interpretaciones propuestas por Gordon (2008).

44 Los camioneros, las botas y los juegos sádicos tienen una gran importancia en la cultura comercial gay norteamericana, según Pye y Myles (1979: 225).

Si para Freud la causa de la paranoia es el rechazo del amor homosexual, para otros psicoanalistas su origen se halla en una madre posesiva que impidió el normal desarrollo del niño (Greenberg, 1975: 76).

En 5.2.1, Mann abandona su entorno, una casa en los suburbios de la gran ciudad (el útero materno), pero sigue totalmente controlado por la madre (léase también la esposa), que le impide desenvolverse de forma autónoma (el complejo de inferioridad se manifiesta a través del "falso" punto de vista subjetivo, con la cámara muy baja y en ligero contrapicado, en lugar de a la altura del conductor); no en vano el personaje viaja protegido en esa prolongación del hogar que es el automóvil (otra metáfora del útero materno), porque el mundo exterior es peligroso: en el último plano de 5.2.1, el primero no subjetivo del film, la cámara toma al Plymouth, que circula por la carretera, desde detrás de una alambrada. Las secuencias dotadas de mayor carga paranoide, en las que más y mejor se evidencia el terror del personaje, son aquellas que tienen lugar con este fuera de su coche, al tener que enfrentarse cara a cara con la realidad: en el café de Chuck (5.3.2, 5.3.3, 5.3.4, 5.3.5 y 5.3.6), cuando socorre al autobús escolar (5.3.7), en la segunda gasolinera (5.3.9) y cuando pide ayuda al matrimonio de ancianos, justo antes de aceptar el duelo (5.3.11). El clímax se inicia con una avería del vehículo (5.4.2) pues, al romperse uno de los manguitos del radiador, el Plymouth casi se detiene, con lo que está a punto de privar al protagonista de su aislamiento.

El Peterbilt puede muy bien identificarse con esa mujer dominante, y por extensión con la amenaza femenina en general, con el complejo de inferioridad o la puesta en cuestión de la masculinidad. En 5.2.3, cuando el empleado de la gasolinera, cojo y servil, le dice "Usted manda", David Mann contesta "En mi casa no..." Y a continuación el camionero llama al empleado haciendo sonar autoritariamente la sirena. La escena de la llamada telefónica termina de poner de manifiesto (de manera excesivamente enfática, ya lo hemos comentado) el complejo de inferioridad del protagonista, "encajonado" entre el camión y la mujer que recoge su colada de la secadora. De hecho, tras la conversación, el espectador tiene claro que David Mann es un hombre débil, sometido a la voluntad de su mujer y de su madre (viene a cenar, no puede llegar tarde) (Gordon, 2008: 22-24). La presencia femenina supone siempre un sobresalto: la camarera del café lo asusta con su repentina llegada (5.3.3); Sally cría reptiles que lo aterran (5.3.9), una amenaza genérica y velada[45]. En 5.3.11, la anciana insta a su marido a negarle la ayuda. Esta pareja recuerda a la que forman el protagonista y su mujer (podrían ser ellos de viejos); en otro nivel, representan a los malos padres. Para Melanie Klein (1963: 32), la paranoia persecutoria tiene su origen en la imagen infantil de los dos padres (los perseguidores son hombre y mujer).

También desde la teoría freudiana podemos catalogar la experiencia vivida por David Mann como "siniestra", porque en la figura del camión se hace visible lo que está encerrado en su inconsciente y debiera permanecer oculto; es decir, el camión encarna algo reprimido (familiar) que retorna a la conciencia del protagonista y es vivido como extraño, provocando la incertidumbre sobre la posible desaparición de toda lógica (lo interno y lo externo se confunden). En su ensayo *Lo sinestro* (1919), Freud analiza *El arenero* (1817) de Hoffmann como ejemplo de relato siniestro, pero este concepto se puede aplicar al cuento fantástico del XIX en general, tal y como lo hemos definido en 7.1.4. Según Eugenio Trías (2001: 44-45),

> Lo siniestro se da cuando lo fantástico (fantaseado, deseado por el sujeto, pero de forma oculta, velada y autocensurada) se produce en lo real; o cuando lo real asume enteramente el carácter de lo fantástico. [...] *Lo fantástico encarnado*: tal podría ser la forma definitoria de lo siniestro.
>
> De hecho, lo siniestro conduce al sujeto a la fuente de los temores y deseos (interconexos) que lo constituyen en sujeto: temor a la castración, al decir de Freud, temor al deseo de castrar al rival (progenitor o hermano).

Personas, cosas y situaciones propias de lo "siniestro" presentes en *El diablo sobre ruedas* son:

a) Un individuo (el camión/camionero) es portador de maleficios y cruzarse con él puede conducir a la demencia o incluso a la muerte.
b) Un individuo puede tener el carácter de algún familiar muy próximo al sujeto (el padre).
c) La duda de que un ser aparentemente animado sea en efecto viviente (el camionero) y, al revés, de que un objeto sin vida esté en alguna forma animado (el camión).

45 Con escaso protagonismo aunque, como hemos visto, importante valor simbólico, hay que destacar a la única clienta del café de Chuck (5.3.3) y a la mujer que tiende la ropa junto a la carretera (5.4.1).

d) Alusión a amputaciones de órganos del cuerpo humano muy íntimos y delicados, como el miembro viril (símbolo de la masculinidad) (Trías, 2001: 40-45)[46].

Mientras en el cuento de Hoffmann lo reprimido se encarna en la popular figura del arenero, ese hombre malo que viene a buscar a los niños que no se quieren ir a la cama y les arroja arena a los ojos haciéndoles llorar sangre (nuestro "hombre del saco"), en *El diablo sobre ruedas* lo hace en el "loco al volante" (detrás de esta figura se esconde el miedo colectivo a la muerte en accidente de tráfico), que cobra forma en todos y cada uno de los camioneros del café.

Todo lo dicho nos induce a considerar que la figura del enorme camión acosador es sexualmente ambigua y universal, pudiendo funcionar como la proyección de los miedos y pesadillas de cualquier tipo de espectador.

7.3. La cultura norteamericana en crisis

Según parece, Spielberg siempre estuvo convencido de que en *El diablo sobre ruedas* Dennis Weaver interpretaba más a un arquetipo que a un personaje concreto:

> [David Mann] es el típico norteamericano de clase media-baja que vive totalmente asilado gracias a la modernización en su mundo suburbano. Un hombre que no espera más desafíos de la vida que tener que llamar al técnico porque su televisor se ha estropeado (Taylor, 1992: 75).
>
> Todo empieza en domingo, cuando llevas el coche a lavar. Sólo tienes que conducirlo una manzana. Y mientras lavan el coche, vas al edificio de al lado con los niños y les compras helados de la marca Dairy Queen y entonces comes comida plastificada en McDonalds, con sus tropecientas mil hamburguesas vendidas. Luego vas al salón de juegos recreativos y echas unas partidas al «Tank and the Pong» y al «Flim-Flam». Para entonces vuelves a recoger el coche que ya está seco y listo para llevárselo y te vas hasta el parque de atracciones de la Montaña Mágica, donde te pasas el día consumiendo comida basura.
>
> Más tarde conduces de vuelta a casa, parándote en todos los semáforos rojos y tu mujer está esperando con la cena preparada. Te comes un puré de

46 Sobre el ensayo de Freud también resulta muy revelador consultar lo que dice González Requena (1997).

> patatas instantáneo y huevos sin colesterol, que son artificiales, te sientas y enciendes el aparato de televisión, que se ha convertido en la realidad en oposición a la fantasía en la que este hombre ha vivido a lo largo del día. Y te tragas la franja horaria de más audiencia, que es una mera distracción, como si mirases a una luz en la noche. Y al final ves las noticias, que no quieres oír porque no se conforman con la realidad que has estado observando durante esta franja horaria. Y al final del día te vas a dormir y sueñas con hacer el dinero suficiente como para subvencionar la América del fin de semana. Este es el tipo de hombre retratado en *El diablo sobre ruedas* (Baxter, 1998: 77).

Si admitimos que David Mann encarna al ciudadano norteamericano medio ("Mr. Average"), estamos admitiendo también que la paranoia (en el grado que sea) figura entre los rasgos definitorios de la sociedad norteamericana de los 70. Para Marvin Harris (2009: 15-16), la gran cantidad de cambios trascendentales que se acumulan en esta década condujeron a una masiva desconfianza en la razón, en lo objetivable, a la creencia en la proximidad del fin del mundo o en las más absurdas teorías de la conspiración:

> Muchos millones de norteamericanos se sienten tan consternados y frustrados por la destrucción de instituciones y valores muy queridos, tan agobiados por los impuestos, la ineficiencia burocrática, el desempleo, la delincuencia y la inflación, que les da igual que el mundo continúe o no. [...]
>
> Estas sombrías premoniciones quizá tengan su origen, más que en la fe religiosa, en una falta de comprensión de la difícil situación por la que atraviesa Norteamérica. ¿Por qué no se puede realizar el sueño americano? ¿Por qué funcionan mal tantas cosas? Al carecer de una comprensión objetiva de la vida social, la gente se imagina atrapada por fuerzas satánicas incontrolables. Pero somos nosotros, los hombres y mujeres corrientes, los únicos autores de nuestras desgracias. Buscando un mundo mejor, hemos ido tejiendo entre nosotros, poco a poco, la tela que nos separa de nuestros sueños. Esperamos temblando el abrazo de una bestia inhumana; pero no va a llegar nadie, salvo nosotros mismos.

A este respecto conviene desvelar ahora que el germen del argumento del film, es decir, el origen del relato original publicado en *Playboy*, se encuentra en una peculiar experiencia vivida por el propio Richard Matheson. El 22 de noviembre de 1963, el escritor jugaba al golf con un amigo en Simi Valley (California), hasta que una terrible noticia llegó a sus oídos: el presidente Kennedy acababa de ser asesinado. En ese mismo instante los dos amigos decidieron regresar a Los Angeles. Ya en la carretera, un camión se les situó inmediatamente detrás y comenzó a aumentar de velocidad, obligándolos a circular cada vez más deprisa. La situación llegó a tal grado de violencia que el amigo de Matheson se salió bruscamente de la carretera para dejarle vía libre al camión. A causa de la diferencia de altura no pudieron ver en ningún momento a su conductor. Matheson reconoce que en ese momento estaban asustados por la trágica noticia y que eso influyó en la forma de percibir el acoso del camión: proyectaron sobre él toda la rabia que sentían por la muerte del presidente, en otras palabras, estaban paranoicos[47].

El diablo sobre ruedas es uno de los films que primero y más profundamente refleja la crisis que Marvin Harris estudia a través de siete preguntas (la primera edición de su obra, convertida ya en todo un clásico, es de 1981): "¿Por qué no funciona nada?", "¿Por qué no atienden los empleados?", "¿Por qué menguó el dólar?", "¿Por qué han abandonado el hogar las mujeres?", ¿Por qué se soltaron el pelo los homosexuales?, "¿Por qué hay pánico en las calles?", "¿Por qué nos invaden los cultos?". Una relación a la que (permítasenos el atrevimiento) se le podría añadir una octava pregunta, por ser la que halla un reflejo más directo en el film que nos ocupa: ¿Por qué el más fiel siervo de los norteamericanos (símbolo de su amor por la libertad y su independencia), el automóvil, se ha convertido en su amo? Ernest B. Furgurson (1973) lo expone así de contundentemente:

> Como Eisenhower podría apreciar por sí mismo, las cosas han cambiado[48] [...] El automóvil, que antes era el siervo del hombre, es hoy su amo. La carretera, que antes conectaba pueblos y ciudades, ahora sólo sirve para canalizar la contaminación y la congestión del tráfico desde las ciudades hasta los suburbios... Seguir dirigiendo carreteras a nuestras ciudades sin hacer un mayor esfuerzo por desarrollar otros sistemas paralelos es asegurar nuestro estrangulamiento.

Ese mismo año el presidente Nixon comprometió una inversión de más de 22 billones de dólares destinados a mejorar el tráfico urbano y a la conclusión del sistema interestatal de autopistas, prevista para junio

---

47 Ese mismo día Matheson tomó algunas notas con la intención de meter la anécdota en alguna serie de televisión, pero luego observó que la historia merecía un tratamiento independiente. El autor terminaría escribiéndola siete años después en forma de relato breve (McBride, 1999: 199-200).

48 Se refiere al presidente Eisenhower, que con la firma de la Federal Aid Highway Act de 1956 dió el impulso definitivo a la construcción del sistema de autopistas interestatatal.

de 1979. Pero, aún sin terminar, sus mortales efectos habían modificado ya la vida urbana: el centro de las ciudades se había devaluado, la cohesión entre barrios y parques había sido destruida y las minorías raciales se concentraban (Flink, 1976: 214). En la década de los 70 el crecimiento de los suburbios fue del 12%, frente a sólo el 5% de la propia urbe, y en las grandes metrópolis (más de un millón de habitantes) aproximadamente el 62% de la población residía fuera de la ciudad. Aunque el automóvil y las autopistas no fueron los únicos factores responsables de esta metamorfosis, no cabe duda de que la aceleraron considerablemente (Jakle, 1994: 302). Otros problemas que golpean de lleno a la "cultura del automóvil" adquieren un importante impacto social en los 60 y 70: la inseguridad de los vehículos, el consumo de alcohol, la contaminación atmosférica y la crisis de la industria norteamericana del automóvil.

Todos los males comienzan con la masificación del uso del coche particular, que permite la vida suburbial. Recuérdese el inicio de *El diablo sobre ruedas* (5.2.1), la salida del garaje de la casa unifamiliar típica de estos barrios, de la oscuridad a la luz, como si la casa fuese una cueva en la que el personaje vive aislado, separado de la realidad. Y el coche no es más que una prolongación del hogar, un engaño para el individuo, que se cree en casa viendo la televisión y está expuesto a los peligros de la vida real. En cuanto abandona su mundo (la autopista), irrumpe el monstruo mecánico, el leviatán dueño y señor del medio agreste del Sur de California (el paisaje de la barbarie), que ha absorbido a su conductor (¿el camionero conduce alcoholizado?: todos los sospechosos beben cerveza en el café de Chuck), contamina a Mann con su humo (la primera vez que escuchamos su voz es precisamente para quejarse de esto: "Y hablan de contaminación..." en 5.2.2), convierte su experiencia al volante en insegura (además su Plymouth Valiant de fabricación nacional se estropea en el momento decisivo, en 5.4.2; nada funciona en los 70, como escribe Harris) y lo acosa (sin que Mann consiga contactar con la policía, un síntoma claro de la inseguridad ciudadana, el "pánico en las calles" de Harris), como acosa el gigante industrial del automóvil nipón ("Godzilla") a la industria norteamericana; un monstruo que también encarna a la mujer liberada que "lleva los pantalones" y trabaja fuera del hogar (5.2.2), y al amor homosexual, que triunfa con la destrucción de los dos vehículos en un "abrazo mortal" (5.4.3), otras dos de las transformaciones estudiadas por Harris.

En definitiva, el camión encarna ese "abrazo de una bestia inhumana" que esperaban los norteamericanos (véase la cita del mismo Harris más arriba), o lo que es lo mismo, todas las paranoias de una sociedad tan arruinada como el cementerio de coches de 5.3.10. No en vano David Mann se ve obligado a entregar los dos símbolos de la cultura norteamericana que atesora, su maletín y su coche (5.4.3), para sobrevivir al duelo e instalarse en la barbarie.

Es una barbarie a la que hemos llegado por culpa de la "cultura del automóvil" en particular y de la mecanización en general; porque *El diablo sobre ruedas* plantea ante todo el enfrentamiento del hombre contra la máquina, y el control que esta puede llegar a ejercer sobre él. Es una ideología que hunde sus raices en las obras pictóricas del movimiento regionalista norteamericano de los años 30 (Grant Wood, Thomas Hart Benton y John Steuart Curry forman el "Triunvirato regionalista"), surgido como una reacción frente a la crisis de 1929 para reafirmar los valores de lo puramente norteamericano: el ambiente rural por contraposición al poder financiero y al mundo urbano mecanizado. Los cuadros regionalistas recrean un entorno que mantiene vivo el diálogo con la naturaleza. En ese medio idílico, las máquinas resultan unas intrusas que perturban la tranquilidad con su aspecto siniestro y monstruoso, apareciendo frecuentemente asociadas a la catástrofe (accidentes, destrucción, contaminación, éxodo rural), como los tractores enviados por el banco que dejan sin trabajo a los agricultores de Oklahoma en *Las uvas de la ira* (*The Grapes of Wrath*, John Steinbeck, 1939):

> Los tractores vinieron por las carreteras hasta llegar a los campos, igual que orugas, como insectos, con la fuerza increíble de los insectos. Reptaron sobre la tierra, abriendo camino, avanzando por sus huellas, volviendo a pasar sobre ellas. Tractores Diesel que parecían no servir para nada mientras estaban en reposo y tronaban al moverse, para estabilizarse después en un ronroneo. Monstruos de nariz chata que levantaban el polvo revolviéndolo con el hocico, recorrían en línea recta el campo, atravesándolo, a través de las cercas y de los portones, cayendo y saliendo de los barrancos sin modificar la dirección. No corrían sobre el suelo, sino sobre sus propias huellas, sin hacer caso de las colinas, los barrancos, los arroyos, las cercas, ni las casas.
>
> El hombre sentado en el asiento de hierro no parecía humano: con guantes, gafas, una máscara de goma sobre la nariz y la boca para protegerse del polvo, no era más que una parte del monstruo, un robot sentado. El trueno de los cilindros retumbaba por los campos hasta ser uno con el aire y la tierra, de modo que éstos murmuraban con vibraciones simpáticas. El conductor no

> podía controlarlo; atravesaba el campo en derechura invadiendo una docena de fincas y regresando en línea recta. Un giro de los mandos podría desviar la oruga, pero las manos del conductor no podían darles el giro porque el monstruo [se refiere al banco] que había construido el tractor, que le había mandado salir se había introducido de alguna manera en las manos del conductor, en su cerebro y en sus músculos, le había puesto gafas y amordazado, unas gafas en la mente y la percepción, una mordaza en el habla y la protesta. No podía ver la tierra tal como era, ni olería tal como olía, no podía pisar los terrones o sentir el calor y la fuerza de la tierra. Sentado en un asiento de hierro pisaba pedales de hierro (Steinbeck, 2009: 90-91).

No en vano Thomas Hart Benton realizaría un número considerable de litografías sobre la obra maestra de Steinbeck, primero por encargo de la Twentieth-Century Fox, en paralelo a la campaña promocional de la adaptación cinematográfica dirigida por John Ford (1939), y un año más tarde para la edición de la novela en dos volúmenes publicada por The Limited Editions Club (Railsback y Meyer, 2006: 24-25).

En un cuadro de Grant Wood titulado *Death on the Ridge Road* (1935), un enorme camión rojo emerge violentamente ocupando toda la carretera (recorrida por alambradas y postes como las de *El diablo sobre ruedas*), por la que ascienden en sentido contrario dos automóviles. El pintor recrea el momento previo a la tragedia.

8. Apéndices

8.1. El legado de El diablo sobre ruedas

La intertextualidad es una característica fundamental de la cultura de masas, ya que los discursos audiovisuales están plagados de referencias a otras obras: audiovisuales, artísticas, literarias, musicales, etc. Hasta ahora (salvo en 2.4), nos hemos ocupado fundamentalmente de los intertextos que aparecen en *El diablo sobre ruedas*. En este apartado planteamos el estudio de la ópera prima de Spielberg como intertexto presente en otras obras audiovisuales (películas, "TV movies" y telefilms).

Las obras que reciben la influencia de *El diablo sobre ruedas* se pueden organizar en dos grandes bloques:

a) El de las que la homenajean citándola textualmente, aunque de forma casi siempre anecdótica (intertextualidad en sentido estricto).
b) El de las que comparten temática (y/o género) con ella y se aprovechan de sus eficaces hallazgos (intertextualidad en sentido amplio), incluyendo en ocasiones alguna alusión clara (intertextualidad en sentido estricto). Las referencias presentes en la filmografía del propio Spielberg las hemos analizado en 2.4.

A continuación abordamos algunos ejemplos (los más evidentes) de los que se pueden incluir dentro del primer bloque.

En el episodio 9, titulado "Never Give a Trucker an Even Break" (1978), de la primera temporada de *The Incredible Hulk* (1978-1982), reaparece la réplica del camión original de *Duel* (el Peterbilt 281 de 1960) y un Plymouth Valiant rojo con la matrícula California 149 PCE. Pero es que, además, para evitar el rodaje en exteriores de las persecuciones, se empleó gran cantidad del metraje de la ópera prima de Spielberg (propiedad de la Universal, la misma productora de *The Incredible Hulk*). El resultado no deja de ser curioso (y chapucero), ya que la trama del episodio nada tiene que ver con la de *El diablo sobre ruedas*. A Spielberg le pareció un acto de canibalismo imperdonable y desde entonces siempre introduce una cláusula al respecto en sus contratos, para que ninguna película suya pueda volver a ser utilizada como "stock footage" (metraje de archivo) sin su expreso consentimiento.

En el episodio 17, titulado "Goliath Returns" (1984), de la segunda temporada de *Knight Rider* (1982-1986), también de la Universal, Michael Knight (en inglés "caballero"), al volante de Kit (el coche fantástico), vence a su archienemigo (y alter ego) Garth, que conduce un inmenso y aparatoso camión blindado, Goliat. Kit avanza a toda velocidad hacia un precipicio y en el último momento dispara un gancho que lo sujeta al terreno. Garth no puede frenar y el camión cae al vacío hundiéndose en un lago. Entonces suena un rugido que recuerda al que acompaña la caída del Perterbilt en *El diablo sobre ruedas*.

En *Los locos del Cannonball III* (*Speed Zone!*, Jim Drake, 1989), Charlie Cronan (John Candy), uno de los participantes en la carrera del Cannonball, invade el carril contrario y casi choca con un camión que transporta un interminable tráiler. El camión da la vuelta y se lanza tras el coche haciendo sonar su sirena. Las distancias se reducen cuando el BMW de Charlie falla, perdiendo velocidad (justo antes, el personaje comenta: "Esto es de película", en clara referencia al film que se está parodiando). El camión lo golpea en dos ocasiones, pero el hábil piloto consigue enfriar el motor de su vehículo y dejar atrás su pesadilla. La planificación del episodio imita claramente la de *El diablo sobre ruedas*, incluyendo los reflejos en el retrovisor[49].

Los moteros que protagonizan *Torque: Rodando al límite* (*Torque*, Joseph Kahn, 2004) se cruzan en la carretera con un coche rojo parecido al de David Mann. Unos metros más allá, un Peterbilt 281 de 1960 con tráiler cisterna (la réplica del camión original de *Duel* que todavía hoy se conserva), que persigue al coche, saca a dos moteros de la carretera.

Dentro de este primer bloque, podemos incluir también la serie de curiosos autohomenajes presentes en películas del propio Spielberg (que por su carácter anecdótico, exceptuando el primer caso, no abordamos en 2.4):

- En *Tiburón,* el mismo rugido distorsionado de la destrucción del camión aparece tras la muerte del escualo, cuando sus restos se hunden en el océano.
- En *Encuentros en la tercera fase,* entre los ocupantes del helicóptero de evacuación en el que meten a Roy Neary (Richard Dreifuss) figuran Alexander Lockwood y Amy Douglass (la pareja de ancianos a la que pide ayuda David Mann).
- En *1941,* Lucille Benson (Sally, la mujer de las serpientes) regenta la gasolinera en la que el capitán Wild Bill Kelso (John Belushi) detiene su avión para repostar.
- En *En busca del arca perdida,* tras hacerse con el control del camión que transporta el Arca de la Alianza, Indiana Jones persigue al mercedes descapotable de los nazis y el reflejo del camión aparece ocupando todo el espejo retrovisor del mercedes.
- En *Para siempre,* Dorinda (Holly Hunter) y Ted (Brad Johnson) socorren al conductor de un autobús escolar lleno de niños, que sufre un infarto.

---

49 Una cita similar aunque menos reiterativa y mejor integrada en la diégesis aparece en *Vacaciones en familia* (*Johnson Familiy Vacation*, Christopher Erskin, 2004). Al inicio de *Jeepers Creepers* (Victor Salva, 2001) una vieja camioneta marrón persigue, golpea y saca de la carretera al coche de los protagonistas.

En cuanto a las principales influencias de temática (y/o de género), *El diablo sobre ruedas* revitaliza el thriller de asesino de carretera y es el punto de partida de una serie de películas de terror en las que un vehículo motorizado se convierte en un monstruo dotado de vida propia.

Entre los psicópatas de carretera que disfrutan obligando a sus víctimas a participar en juegos macabros destaca especialmente el autoestopista (Rutger Hauer) de *Carretera al infierno* (*The Hitcher*, Robert Harmon, 1986), película que dio lugar a una secuela estrenada directamente en DVD: *Carretera al infierno II* (*The Hitcher II: I've Been Waiting*, Louis Morneau, 2003), y a un "remake" del mismo título (Dave Meyers, 2007). En la secuela, el duelo final de *El diablo sobre ruedas* aparece reinterpretado de una forma muy curiosa: el autoestopista loco (Jake Busey) conduce un camión con cisterna y la protagonista (Kari Wuhrer) una avioneta. Más recientemente, tenemos al misterioso camionero "Clavo Oxidado" (Matthew Kimbrough), que prolonga gustoso la broma que le gastan los dos jóvenes de *Nunca juegues con extraños* (*Joy Ride*, John Dahl, 2001), también con una secuela para el mercado doméstico, *Nunca juegues con extraños 2* (*Joy Ride: Dead Ahead*, Louis Morneau, 2008), en la que la (aparente) destrucción del psicópata, que cae por un barranco a bordo de su camión, también evoca *El diablo sobre ruedas*.

En *Breakdown* (Jonathan Mostow, 1997) una banda liderada por un camionero secuestra a la mujer del protagonista (quieren matarlos a ambos después de conseguir todo su dinero). Las escenas del bar en las que Jeff (Kurt Russell) busca desesperado a Amy (Kathleen Quinlan), escruta con su mirada a todos los clientes y casi se pelea con el encargado (se comporta como un paranoico) recuerdan a las del café de Chuck. Pero, sin duda alguna, *Park Evil* (*Throttle-No Way Up*, James Seale, 2005) es el thriller que mayor número de referencias acumula, aunque en este caso el psicópata de turno, el vigilante Eddie (Dan Mundell), actúe dentro de un parking y no en la carretera:

- Tom Weaver (Grayson McCouch) es acosado por un todoterreno negro que lo persigue haciendo sonar su sirena. En ningún momento puede ver el rostro de su conductor (hasta el final, claro está), sólo los bajos de unos pantalones vaqueros y unas botas.
- Cuando Weaver pide ayuda a una mujer para salir del parking y le confiesa que un todoterreno negro lo quiere matar, ésta lo toma por un loco.
- El protagonista se apellida Weaver y su jefe Matheson.

- Aparece una ranchera de la empresa de pinturas "GREBLEIP'S".
- Y la cita definitiva: a los 10 minutos de película un Plymouth Valiant rojo conducido por un remedo de David Mann pasa frente a Tom Weaver y ambos se miran.

Por último, hay una serie de películas de terror que, dando un paso más, eliminan cualquier tipo de ambigüedad y explotan la figura del vehículo diabólico dotado de vida propia. En la producción de la Universal *Asesino invisible* (*The Car*, Elliot Silverstein, 1977), un enorme coche negro que emerge del desierto perturba la tranquilidad del idílico pueblo de Santa Inés. Sus ataques evocan los del escualo de *Tiburón* ya desde la primera secuencia. No en vano su destrucción final se logra combinando la caída por el barranco de *El diablo sobre ruedas* con la explosión de *Tiburón*[50]. En *Christine* (John Carpenter, 1983), adaptación de la novela homónima de Stephen King publicada ese mismo año, un viejo Plymouth Fury de 1957 convierte a su nuevo propietario, el "novato" del instituto Arnie Cunningham (Keith Gordon), en un auténtico "rebelde sin causa" (la diégesis se desarrolla a finales de los 70). En la novela de King, el coche estaba poseído por el espíritu de su antiguo dueño, el malvado Roland LeBay, pero en la película de Carpenter el vehículo "nace" ya dotado de instintos perversos: en la cadena de montaje de Detroit (así comienza el film, con la canción *Bad to the Bone* como acompañamiento), Christine pilla el brazo con su capó a un operario y mata a otro por fumar en su interior y sacudir la ceniza sobre su asiento. *La rebelión de las máquinas* (*Maximum Overdrive*, 1986) es, hasta el momento, la única película dirigida por Stephen King[51]. En ella un extraño fenómeno (el paso de la tierra junto a un cometa) desencadena la rebelión de las máquinas, y una legión de camiones cerca a un grupo de personas en una gasolinera. El camión que actúa como líder del grupo lleva la cara de un demonio verde incrustada en su morro (es de una empresa de juguetes).

50 La misma suerte corre el coche maligno de la "TV movie" *Wheels of Terror* (Christopher Cain, 1990), claramente emparentada con *Asesino invisible*, aunque en este caso el automóvil sólo muestre interés por secuestrar jovencitas en edad escolar.

51 El guión, también suyo, toma como punto de partida su relato de 1973 *Camiones* (*Trucks*), que aparece recogido en *El umbral de la noche* (*Night Shift*, 1978). La "TV movie" *Sin escape* (*Trucks*, Chris Thomson, 2000) se inspira en el mismo texto.

8.2. Un ejemplo de adaptación literaria

El fenómeno de la adaptación cinematográfica ha sido tradicionalmente abordado en el marco de la intertextualidad: estudio comparativo de dos textos, uno, el literario (hipotexto), anterior y superior en estatus, y el otro, el cinematográfico (hipertexto), entendido como una simple derivación del primero. Su principal objetivo no era otro que establecer el grado de fidelidad que el film guardaba en relación con el texto-fuente. Sin embargo, las aportaciones teóricas más recientes sostienen que el problema de la adaptación ha de abordarse desde presupuestos de mayor complejidad, atendiendo primordialmente a las diferencias entre el medio literario y el cinematográfico, es decir, al nivel de la enunciación. Porque, por muy fiel que sea al hipotexto, el hipertexto constituye siempre un discurso nuevo y distinto. No en vano diversos especialistas han propuesto sustituir el término "adaptación" por otros que consideran más adecuados, como "traducción", "trasposición", "traslación", etc.

La evaluación de los elementos exclusivamente narrativos (acciones, personajes, temporalidad y marco espacial) permite establecer una sencilla comparación entre el texto literario y la película. Con respecto a *El diablo sobre ruedas,* podemos constatar que existe una enorme fidelidad hacia el relato (Matheson es autor también del guión). Así, el viaje de Mann transcurre aproximadamente por los mismos lugares[52] entre la mañana y la tarde de una jornada; solo se añaden algunos episodios nuevos para ampliar el desarrollo dramático (cuando se adapta una novela se suele proceder al contrario): la primera gasolinera, el primer intento de pedir ayuda (los viejos), la conversación y pelea en el café, la segunda gasolinera, el último intento para pedir ayuda (no contamos los cuatro añadidos cinematográficos, claro está: ¿en el asiento del conductor?, llamada a casa, autobús escolar y ataque en el paso a nivel). Lógicamente existen pequeñas variaciones entre el relato y la película, como la siesta,

52 Aunque el paisaje es sustancialmente diferente pues, mientras en la película se imponen los parajes agrestes, en el relato se describen diversos escenarios con abundante vegetación (Matheson, 2006: 319-347): "colinas herboladas" (p. 319), "un pasillo de oscuros árboles, cuadriláteros de tierras cultivadas y parcelas de color verde brillante" (p. 326), "un campo de flores" (p. 339), "un pasillo de árboles. A cada lado de la carretera se alzaba una barrera de eucaliptos, dispuestos a intervalos de un metro" (p. 340). El texto original en inglés puede verse en Matheson (2003: 11-38), así como en Bradley (2004: 23-44). En esta obra también se incluye el facsímile del guión que hemos consultado).

que aparece en un momento diferente (y tiene lugar junto al café de Chuck, no al lado de un cementerio de automóviles) o la destrucción del camión, que se produce también por la caída del vehículo por el barranco, pero no va precedida del choque con el coche de Mann.

Mucho más interés presentan aquellos elementos que, por afectar claramente al nivel de la enunciación, definen las líneas de discontinuidad existentes entre el relato y la película (o, lo que es lo mismo, entre el texto literario y el cinematográfico), como el narrador y la focalización.

En el relato original de Matheson, nos encontramos con un narrador en tercera persona que hace gala de su omnisciencia mostrando reiteradamente al lector lo que piensa David Mann, tanto de forma directa, a través de monólogos interiores, "*¿Qué pasa contigo?*, pensó", como indirecta:

> Se preguntó qué estaría haciendo Ruth. Los niños estaban en el colegio y tardarían horas en regresar a casa. Quizás, había ido de compras, pues solía ir los jueves. Mann la imaginó en el supermercado, depositando diversos artículos en un carrito. Desearía estar con ella en vez de iniciar este viaje de negocios (Matheson, 2006: 320).

Sin embargo, no se nos informa en ningún momento sobre lo que piensa el camionero. Siempre conocemos lo mismo que el personaje protagonista, es decir, el relato está focalizado en él. Hasta aquí todo parece coincidir con la película. Pasemos ahora a definir las alteraciones ocasionadas por la "traducción" del texto literario a texto cinematográfico.

El eje sobre el que se articula la enunciación fílmica, la esencia misma del leguaje cinematográfico, es el montaje de imágenes en movimiento y sonidos. La focalización interna se logra, por tanto, recurriendo a otros recursos ajenos a la literatura: presentando de forma alternada al personaje y lo que ve, acortando la duración de los planos en los momentos de máxima tensión o introduciendo una música empática que transmita al espectador su estado de ánimo. El monólogo interior, un recurso expresivo propio de la literatura que Matheson conservó en su guión, resulta poco efectivo cuando "se puede ver". Por eso Spielberg redujo al máximo su presencia (en el guión aparecía incluso la voz de Ruth, la mujer de Mann, como parte de sus pensamientos). Auténticamente cinematográfica, por el contrario, es la forma en la que se visualizan los procesos mentales del personaje en el café de Chuck (5.3.3).

El relato original conserva oculta la identidad del camionero durante gran parte del desarrollo dramático, pero antes del duelo final Mann logra verlo e incluso conocer su nombre, con lo que el duelo se convierte en una lucha de hombre a hombre:

> - ¡No! –gritó, hundiendo el pie en el pedal de freno. *¡Esto es absurdo! ¿Por qué diablos tengo que escapar?* El coche derrapó sobre un costado hasta detenerse; entonces, abrió con el hombro la puerta, salió y avanzó hacia el camión con airadas zancadas. *De acuerdo, Jack*, pensó. Miró colérico al hombre que había dentro de la cabina (Matheson, 2006: 333).
>
> Pronto tomó una decisión. *De acuerdo*, pensó. Comprobó la carretera antes de hundir el pie en el acelerador y deslizarse hacia el carril contrario. Mientras se aproximaba el camión, su cuerpo se tensó, asumiendo que el conductor le bloquearía el paso. Sin embargo, el camión no intentó detenerlo. El coche de Mann se deslizó a lo largo de su gigantesco costado. Echó un vistazo a la cabina y vio un nombre pintado en la puerta: KELLER. Durante un instante sobrecogedor le pareció haber leído KILLER y aminoró la marcha. Entonces, al mirar de nuevo, vio lo que ponía realmente y volvió a pisar a fondo el pedal. Cuando el camión quedó reflejado en el espejo retrovisor, regresó de nuevo a su carril.
>
> Se estremeció, sentía una extraña mezcla de miedo y satisfacción al ver que el camionero aceleraba. Le resultaba insólitamente reconfortante ver que sus intenciones no habían cambiado. Esto, junto con el hecho de conocer su nombre y su rostro hacía que aquel tipo le pareciera menos peligroso. Antes, había sido una personificación del terror carente de rostro y de nombre, pero ahora era una persona definida (Matheson, 2006: 337-338).

En cualquier caso no se abandona la idea de que camión y conductor integran una misma entidad:

> *Cuadrado*, pensó; *todo lo que rodea al camión es cuadrado: la rejilla del radiador, los guardabarros, los extremos de los parachoques, el contorno de la cabina e incluso la forma de las manos y el rostro de Keller*. Imaginó el camión como una entidad enorme y cruel que lo perseguía, guiándose tan solo por el instinto (Matheson, 2006: 341).

No sabemos si este trascendental cambio introducido por Matheson en el guión se debió a su propia voluntad o fue una imposición del productor de la "TV movie", George Eckstein. En cualquier caso, favoreció notablemente el empleo de recursos expresivos propios del lenguaje cinematográfico y añadió una nueva dimensión a la historia: al no disiparse en ningún momento esa incertidumbre, tan propia del cuento fantástico del XIX, el camión resulta una clara encarnación de "lo siniestro". Sin embargo, Matheson conservó intacto el final del relato en su guión. Así concluye el relato:

> Mann se arrastró lentamente hacia el borde del camino y miró la base del cañón. Enormes llamas se alzaban hacia el cielo, coronadas por un humo denso, negro y aceitoso. No veía el camión ni el tráiler, sólo las llamas. Lo miró aturdido, se sentía completamente vacío.
>
> Entonces, inesperadamente, la emoción regresó. No era temor, como pensó en un principio, ni tampoco remordimiento. Ni tampoco las náuseas que lo invadieron después. Era una agitación primitiva que resonaba en su mente, el grito de una bestia ancestral que saltaba sobre el cuerpo de su enemigo derrotado (Matheson, 2006: 347).

El guión se cierra de la siguiente manera: David Mann se asoma al barranco y ve los restos del camión ardiendo, la cámara avanza lentamente sobre su rostro, que invade toda la pantalla, su mirada es "la de un bárbaro primitivo que contempla el cuerpo de su enemigo derrotado", y "desde el fondo de su garganta sale un grito hambriento de sangre"; la imagen se congela y se suceden los créditos finales[53].

Matheson concluye, pues, el guión en el clímax, mostrando al personaje convertido en un primitivo bárbaro sanguinario, con un cierre propio de la estética europea de los "nuevos cines" (tan admirada por Spielberg); dos títulos tan emblemáticos como *Los 400 golpes* (*Les quatre cents coups*, François Truffaut, 1959) y *La caza* (Carlos Saura, 1965) terminan con el congelado de una imagen del personaje protagonista. En la película, como hemos tenido ocasión de comprobar en el análisis, se añadió un "punto y final" (acorde con la doble regresión que se planteaba) en sustitución del impactante último plano del rostro de David Mann[54], tras contemplar el protagonista cómo se detenían los últimos mecanismos de la terrible bestia mecánica ("su muerte"), que tanto en el relato como en el guión era presa de las llamas (una cambio acorde con la enunciación cinematográfica que se le atribuye a Spielberg).

El hecho de que determinados aspectos del relato permanezcan en el guión pero no en el film, nos habla del carácter efímero de este texto a medio camino entre lo literario y lo cinematográfico. No en vano la adaptación puede verse como el largo camino que conduce desde

---

53 Véase facsímile del Guión de *Duel*, en Bradley (2004: 91).

54 Resulta llamativo que Eckstein permitiese a Spielberg alterar un punto tan esencial del guión de la "TV movie" como el final. No descartamos que este cambio (sobre el que no disponemos de ninguna documentación) se debiera a una iniciativa ajena al director.

un punto de partida (el texto literario) hasta otro de llegada (el film), pasando por un estadio intermedio, el guión:

> [...] una pura «estructura de transición», que aún conserva identidades materiales notables con el material de partida (se trata de un texto escrito, literario por tanto), aunque puede complementarse con elementos de visualización (por ejemplo, un *story-board*) que apuntan hacia el estadio final aún por llegar. Como Pasolini vio con claridad, el guión es una estructura de apoyo destinada a abolirse en provecho del filme terminado, sin que esto tenga que ver con su mayor o menor calidad literaria, ni con el hecho de que, en ciertos casos, los guiones puedan conocer una vida editorial independiente tanto del texto original (cuando exista) como del filme al que sirven de soporte (Aranzubía, Zumalde y Zunzunegui, 2010: 216).

El caso que nos ocupa es un buen ejemplo de todo lo indicado en la cita.

El guionista debe cumplir pues con dos cometidos: "interpretar" el texto literario (de acuerdo con los intereses de productor y director) y "traducirlo" al lenguaje pre-cinematográfico del guión. En *El diablo sobre ruedas,* el autor del texto literario original es el mismo que el del guión, lo cual no impidió que Matheson tuviera que someterse al punto de vista de Eckstein, primero, y a las "correcciones" de Spielberg (que se incorporó con el guión ya terminado), después.

Pero mucha más gente trabaja en el proceso de elaboración de una película. Por eso suele decirse que el cine es un arte compartido (además de una industria sometida a una serie de reglas e imposiciones económicas). El caso que nos ocupa es especialmente complejo porque manejamos dos versiones diferentes (dos obras distintas): la televisiva y la cinematográfica. Está claro que la responsabilidad creativa de Matheson fue muy grande: escribió el relato original y el guión. Pero no tanta como la de Spielberg, que coordinó la incorporación de todas las aportaciones creativas, desde el guión (una estructura intermedia y efímera con la que nunca se cumple a rajatabla), hasta la fotografía o la música, pasando por la interpretación de los actores. Aunque fue el productor, George Eckstein, el único que hizo aportaciones desde el principio (antes de la llegada de Spielberg, colaboró con Matheson en la escritura del guión) hasta el final (con sus dos escenas para la versión cinematográfica).

El diablo sobre ruedas es pues la obra de un nutrido grupo de personas coordinadas por Spielberg, que trabajó bajo unas directrices de producción concretas.

9. Sobre el equipo de producción, técnico y artístico

9.1. George Eckstein, productor

Nació en Los Angeles (California) en 1928 y falleció en Brentwood (California) en 2009. Se licenció en Artes escénicas en la Stanford University y en la UCLA (University of California, Los Angeles). En 1959 produjo en Broadway *The Billy Barnes Revue* y trabajó como director de casting. Escribió su primer guión para un episodio del telefilm *The Untouchables* en los primeros 60, actividad que desarrolló también en otras series famosas de esta década, como *The Fugitive* y *Gunsmoke*. En 1968 produjo el telefilm *The Name of the Game* y a partir de los primeros 70 se especializó en la producción de "TV movies", como *Duel* (Steven Spielberg, 1971), *The Tribe* (Richard A. Colla, 1974), *The Keegans* (John Badham, 1976), *Travis McGee* (Andrew V. McLaglen, 1983) y *When We Were Young* (Daryl Duke, 1989), su último film como productor, si bien como guionista siguió trabajando (esporádicamente) hasta 2005. Eckstein siempre desempeñó hábilmente la ardua labor de producir "TV movies", que lo obligaba a lidiar con el estudio y la cadena televisiva, gracias a sus dotes como guionista.

9.2. Richard Matheson, autor del relato y guionista

Nació en Allendale (New Jersey) en 1926. Se licenció en periodismo por la University of Missouri (1949). Empezó como escritor de relatos de fantasía, terror y ciencia-ficción, que obtuvieron gran éxito desde 1950 en la revista *Magazine of Fantasy and Science Fiction*. En esa misma década publicó sus dos novelas más famosas: *Soy leyenda* (*I Am Legend*, 1954) y *El hombre menguante* (*The Shrinking Man*, 1957). La segunda le facilitó de inmediato su primer trabajo para el cine, como guionista de *El increíble hombre menguante* (*The Incredible Shrinking Man*, Jack Arnold), actividad que desde entonces compaginó con la de escritor. Entre sus adaptaciones de obras ajenas destacan las realizadas para la serie de películas de Edgar Allan

Poe dirigidas por Roger Corman: *La caída de la casa Usher* (*House of Usher*, 1960), *El péndulo de la muerte* (*Pit and the Pendulum*, 1961), *Historias de terror* (*Tales of Terror*, 1962) y *El cuervo* (*The Raven*, 1963). También trabajó mucho para televisión, escribiendo para series tan famosas como *The Twilight Zone* (1959-1964), *The Alfred Hitchcock Hour* (1962-1963) o *Night Gallery* (1971-1972). Su guión para *Duel*, basado en uno de sus relatos cortos publicado en *Playboy*, le abrió las puertas de Hollywood a Steven Spielberg. Matheson es uno de los escritores del género fantástico, de terror y de ciencia-ficción más valorados en la actualidad. No en vano sus relatos y novelas siguen llevándose a la pantalla con éxito, como lo demuestran *El último escalón* (*Stir of Echoes*, David Koepp, 1999), *Soy leyenda* (*I Am Legend*, Francis Lawrence, 2007), tercera adaptación de su novela de 1954[55], y *The Box* (Richard Kelly, 2009).

9.3. Billy Goldenberg, compositor

Nació en Brooklyn (New York) en 1936. Estudió en el Columbia College, donde ya compuso para los Columbia Varsity Shows. Posteriormente recibió clases particulares de Hall Overton y escribió música incidental para la revista de Broadway "An Evening with Mike Nichols & Elaine May". Inició su carrera como compositor de bandas sonoras a finales de los años 60, trabajando sobre todo para el medio televisivo. En 1971 colaboró con el joven director Steven Spielberg en "L.A. 2017", del telefilm *The Name of the Game* y en "Murder by the Book", del telefilm *Columbo*, además de en la "TV movie" *Duel*, que lanzaría a la fama a su director. De ese mismo año es su partitura cinematográfica más apreciada por los críticos, *Cielo rojo al amanecer* (*Red Sky at Morning*, James Goldstone). En 1978 estrenó su musical *Ballroom*, con letras de Alan y Marilyn Bergman, algunas de cuyas canciones, como "Shouldn't There Be Lightning?" o "I've Been Waiting All My Life", se hicieron muy famosas.

---

55 Las otras dos son: *The Last Man on Earth* (Ubaldo Ragona y Sidney Salkow, 1964) y *El último hombre... vivo* (*The Omega Man*, Boris Sagal, 1971). Matheson sólo participó en la primera.

9.4. Jack A. Marta, director de fotografía

Nació en 1903 y falleció en 1991 en Sheridan (Montana). Inició su carrera a finales de los años 20 con Raoul Walsh, participando durante las décadas siguientes en films de los más diversos géneros: cine negro, comedia, musical, drama, bélico, ciencia-ficción y, sobre todo, western. Desde los años 60 (con casi 200 películas a sus espaldas) trabajó casi exclusivamente para la televisión, en telefilms como *Route 66* (1960-1963) o *Batman* (1966) y "TV movies" como *Any Second Now* (Gene Levitt, 1969) o *Duel* (Steven Spielberg, 1971), aunque no abandonó del todo el cine; entre sus películas de esta etapa destacan *La ingenua explosiva* (*Cat Ballou*, Elliot Silverstein, 1965) y *Pisando fuerte* (*Walking Tall*, Phil Karlson, 1975). Se retiró a finales de los 70. Sus experiencias con el western (participó en varias películas interpretadas por John Wayne) y la road movie (telefilm *Route 66*) lo convirtieron en el operador ideal para fotografiar las persecuciones de *Duel* (en los parajes semidesérticos del Sur de California), mientras sus films de ciencia-ficción dirigidos por Bert I. Gordon, *Earth vs. the Spider* y *War of the Colossal Beast* (ambas de 1958), anticipaban su habilidad a la hora de transformar al Peterbilt (a base de jugar con la distancia focal de los objetivos y la angulación de la cámara) en un terrorífico monstruo mecánico.

9.5. Carey Loftin: especialista en conducción peligrosa, conductor del camión

Nació en 1914 en Blountstown (Florida) y falleció en Huntington Beach (California) en 1997. Desde muy niño mostró una habilidad especial en la conducción de motocicletas. Su carrera comenzó a principios de los años 30 como miembro de un equipo de especialistas en un espectáculo de acrobacias cuando tenía 19 años. Durante los años 40 y 50 participó en importantes carreras de motocross del Sur de California, como la Catalina Grand Prix, el Big Bear Run o el Greenhorn Enduro. Comenzó a trabajar en el cine a finales de los 30, convirtiéndose pronto en uno de los especialistas más reconocidos de Hollywood, participando en cientos de películas durante 50 años. Sus mejores trabajos como coordinador de escenas de conducción peligrosa son de la década de los 60 y 70, cuando las condiciones de rodaje impuestas por New Hollywood le permitieron llevar a la pantalla escenas más realistas y espectaculares, como las de *Bullitt* (Peter Yates, 1968), *Contra el imperio de la droga* (*The French Connection*, William Friedkin, 1971) y *Punto límite: cero* (*Vanishing Point*, Richard C. Sarafian, 1971). En los 70 Loftin se encontraba en lo más alto de su carrera, por eso su presencia en una "TV movie" como *Duel* (Steven Spielberg, 1971), donde coordinaba las escenas de conducción peligrosa e interpretaba al "invisible" camionero, resultó un acontecimiento excepcional. Su última película como especialista fue *El principiante* (*The Rookie*, Clint Eastwood, 1990), aunque según cuenta el hijo de Loftin, Eastwood lo contrató solo para escuchar sus historias durante el rodaje.

9.6. Dennis Weaver, actor protagonista

Nació en 1924 en Joplin (Missouri) y falleció en 2006 en Ridgway (Colorado). Desde niño ya quería ser actor. Estudió arte dramático en la University of Oklahoma. A finales de los 40 un amigo lo convenció para ir a New York a probar suerte. Allí ingresó en el Actors Studio y debutó en la obra *Out West of 8th* de Broadway, dirigida por Burgess Meredith. Trabajó en otras obras, incluyendo varias de Tennessee Williams, hasta que lo contrató la Universal; entonces se trasladó a vivir a Hollywood. En 1952 hizo su debut cinematográfico en *The Redhead from Wyoming* (Lee Sholem), primero de una larga lista de papeles secundarios (sobre todo en westerns), entre los que destaca el del conserje paranoico del motel de *Sed de Mal* (*Touch of Evil*, Orson Welles, 1958), precisamente por el que lo recordaba Spielberg. No obstante, la fama le vino por la televisión, gracias al personaje de Chester Goode, leal ayudante del Marshal Matt Dillon (James Arness) en el telefilm *Gunsmoke* (1955-1975), por el que obtuvo un Emmy en 1959. Su McCloud, policía rural que se muda a la gran ciudad, de la serie homónima (1970-1977), también lo hizo muy popular entre el público de los 70, década a partir de la cual trabajó casi exclusivamente para la televisión. Pero el personaje más importante de su carrera, como él mismo reconoció en diversas ocasiones, fue el de David Mann en *Duel* (Steven Spielberg, 1971).

10. Bibliografía referenciada

Aranzubía, Asier; Zumalde, Imanol y Zunzunegui, Santos (2010). Viaje a Ítaca. El caso de las adaptaciones al cine español de dos nivolas de Unamuno. *Signa*, 19.

Baxter, John (1998). *Steven Spielberg. Biografía no autorizada.* Madrid: T & B/JC.

Biskind, Peter (2004). *Moteros tranquilos, toros salvajes. La generación que cambió Hollywood.* Barcelona: Anagrama.

Bradley, Mathew R. (2004) (ed.). *Duel & The Distributor by Richard Matheson*. Colorado Springs: Gauntlet.

Calvino, Italo (1996). Introducción. En Calvino, Italo (comp.). *Cuentos fantásticos del siglo XIX. Lo fantástico visionario 1*. Barcelona: Círculo de Lectores.

Carroll, Noël (1982). The Future of Allusion: Hollywood in the Seventies (and Beyond). *October*, 20, Spring, 51-78.

Cook, David A. (2002). *Lost Illusions. American Cinema in the Shadow of Watergate and Vietnam, 1970-1979.* (*History of the American Cinema*, vol. 9). New York: Charles Scribner's Sons.

Crawley, Tony (1983). *The Steven Spielberg Story.* New York: Quill.

D'Agostino, Gianluca (2008). *High concept. Ideazione narrativa e marketing nel grande cinema*, Roma: Dino Audino.

Elsaesser, Thomas (1975). The Pathos of Failure: Notes on the Unmotivated Hero. *Monogram* nº 6, October, 13-19.

Ferreras, Daniel F. (1995). *Lo fantástico en la literatura y el cine. De Edgar A. Poe a Freddy Krueger.* Madrid: Vosa.

Flink, James J. (1976). *The Car Culture.* Cambridge: The MIT Press.

Frasca, Giampiero (2001). *ROAD MOVIE. Immaginario, genesi, struttura e forma del cinema americano on the road.* Torino: UTET.

Furgurson, Ernest B. (1973). America's Great Highway System: The Long, Agonizing Road to Chaosville. *Los Angeles Times*, March 22.

Gomery, Douglas (1989). Brian's Song: la televisión, Hollywood y la evolución del film televisivo. En Jiménez Losantos, Encarna y Sánchez-

Biosca, Vicente (coords.). *El relato electrónico.* Valencia: Filmoteca de la Generalitat Valenciana.

— (1996). La llegada de la televisión y la redefinición del sistema de los estudios de Hollywood. En Heredero, Carlos F. y Torreiro, Casimiro (coords.). *Historia General del Cine*, volumen X: *Estados Unidos (1955-1975). América Latina.* Madrid: Cátedra.

González Requena, Jesús (1986). *La metáfora del espejo. El cine de Douglas Sirk*. Valencia: Instituto de Cine y Radio-Televisión.

— (1997). Emergencia de lo siniestro. *Trama & Fondo*, 2, 2-32.

— (2006). *Clásico, manierista, postclásico. Los modos del relato en el cine de Hollywood.* Valladolid: Castilla.

Gordon, Andrew M. (2008). Duel (1971): Paranoid Style. En Gordon, Andrew M. *Empire of Dreams. The Science Fiction and Fantasy Films of Steven Spielberg.* Lanham (Maryland): Rowman & Littlefield, 13-28.

Greenberg, Harvey R. (1975). *The Movies on Your Mind*. New York: Dutton.

Harris, Marvin (2009). *La cultura norteamericana. Una visión antropológica.* Madrid: Alianza.

Jakle, John A. (1994). Landscapes redesigned for the automobile. En Conzen, Michael P. (ed.). *The Making of the American Landscape*. New York: Routledge.

Jameson, Frederic (1985). Posmodernismo y sociedad de consumo. En Foster, Hal (ed.). *La posmodernidad.* Barcelona: Kairós, 165-186.

Karol, Michael (2005). *The ABC Movie of the Week Companion: A Loving Tribute to the Classic Series*, New York: iUniverse.

Klein, Melanie (1963). *Envy and Gratitude and Other Works, 1946-1963*. New York: Delacorte.

La Polla, Franco (1978). Poetiche dell'iperrealismo. En La Polla, Franco. *Il nuovo cinema americano (1967-1975).* Venezia: Marsilio, 163-187.

Laderman, David (2002). *Driving Visions. Exploring the Road movie.* Austin: University of Texas.

Losilla, Carlos (1996). Tecnología y estética. La implantación del color, los nuevos formatos y el sonido. En Riambau, Esteve y Torreiro,

Casimiro (coords.). *Historia General del Cine*, volumen VIII: *Estados Unidos (1932-1955)*. Madrid: Cátedra.

— (2003). *La invención de Hollywood. O cómo olvidarse de una vez por todas del cine clásico*. Barcelona: Paidós.

McBride, Joseph (1999). *Steven Spielberg. A Biography*. New York: Da Capo Press.

Matheson, Richard (2003). *Duel: Terror Stories by Richard Matheson*. New York: TOR.

— (2006). El diablo sobre ruedas. En Matheson, Richard. *El increíble hombre menguante*. Madrid: La Factoría de Ideas, 319-347 (traducción de Isabel Merino).

Monaco, Paul (2001). *The Sixties: 1960-1969* (*History of the American Cinema*, vol. 8). New York: Charles Scribner's Sons.

Palacios, Concepción (1986). *Los cuentos fantásticos de Maupassant*. Murcia: Universidad de Murcia.

Pomerance, Murray (2005). The man-boys of Steven Spielberg. En Pomerance, Murray y Gateward, Frances (eds.). *Where the Boys Are: Cinemas of Masculinity and Youth*. Detroit: Wayne State University Press, 133-154.

Pye, Michael y Myles, Linda (1979). *The Movie Brats: How the Film Generation Took over Hollywood*. New York: Holt.

Rentero, Juan Carlos (1978). Directores americanos de los años 70. Steven Spielberg. *Dirigido por...*, 50, enero.

Railsback, Brian y Meyer, Michael J. (eds.) (2006). *A John Steinbeck Encyclopedia*. Westport: Greenwood Press.

Rubin, Martin (2000). *Thrillers*. Madrid: Cambridge University Press.

Sánchez-Escalonilla, Antonio (1995). *Steven Spielberg*. Barcelona: Royal Books.

Sánchez Noriega, José Luis (2004). *Diccionario temático del cine*. Madrid: Cátedra.

Sarris, Andrew (1968). *The American Cinema: Directors and Directions 1929-1968*. New York: E. P. Dutton & Company.

Steinbeck, John (2009). *Las uvas de la ira*. Madrid: Cátedra.

Strick, Philip (1976). *Science Fiction Movies.* London: Octopus.

Tavernier, Bertrand y Coursodon, Jean Pierre (1997). *50 años de cine norteamericano.* Madrid: Akal.

Taylor, Philip M. (1992). *Steven Spielberg.* London: B. T. Bastford.

The Surviving Duel Truck: http://stlouisdumptrucks.com/Duel/Trucks.html (último acceso: 31/01/2011).

Todorov, Tzvetan (1974). *Introducción a la literatura fantástica.* Buenos Aires: Tiempo contemporáneo.

Trías, Eugenio (2001). *Lo bello y lo siniestro.* Barcelona: Ariel.

Truffaut, François (1974). *El cine según Hitchcock.* Madrid: Alianza.

Williams, Mark (1982). *Road movies. The Complete Guide to Cinema on Wheels.* New York: Proteus.

Guías para ver y analizar...

1. Cantando bajo la lluvia
2. "M" El Vampiro de Düsseldorf
3. El espíritu de la colmena
4. Blade Runner
5. La naranja mecánica
6. Centauros del desierto
7. Con la muerte en los talones
8. Ciudadano Kane
9. Laura
10. Con faldas y a lo loco
11. La reina Cristina de Suecia
12. Drácula de Bram Stoker
13. Excalibur
14. Arrebato
15. Pesadilla antes de Navidad
16. En busca del arca perdida
17. La mujer pantera
18. Pulp Fiction
19. Annie Hall
20. Los olvidados
21. La semilla del diablo
22. Apocalypse Now redux
23. Ser o no ser
24. El sol del membrillo
25. James Bond contra Goldfinger

Guías para ver y analizar...

26. Lawrence de Arabia
27. Seven
28. La dolce vita
29. La parada de los monstruos
30. ¡Qué bello es vivir!
31. Matrix
32. Dos en la carretera
33. Al final de la escapada
34. Minority Report
35. La guerra de las galaxias
36. Roma, ciudad abierta
37. El show de Truman
38. Remando al viento
39. Shrek
40. Todo sobre mi madre
41. Toy Story
42. Ordet
43. París, Texas
44. Noche en la tierra
45. El profesor chiflado
46. Los siete samuráis
47. Muerte entre las flores
48. En construcción
49. King Kong
50. El viaje de Chihiro

Guías para ver y analizar...

nueva temporada

¿Quieres publicar una *Guía para ver y analizar*?

Si quieres hacernos llegar tu propuesta, asegúrate que cumple las normas de la colección:

- Los textos deberán ser originales y su estilo literario lo más sencillo y claro posible, evitando adoptar un tono excesivamente académico, es decir, un lenguaje "opaco", lo que no implica caer en superficialidad o banalidad.
- La extensión total del texto deberá ser de entre 230.000 y 250.000 caracteres (con espacios y notas incluidos).
- Se procurará utilizar gráficos, esquemas, tablas, dibujos, etc., para facilitar la lectura del texto y el seguimiento del estudio monográfico de la película.
- El texto deberá adoptar, sin perjuicio de los condicionantes particulares de cada película, ni de la autonomía del autor en la redacción del texto, la estructura de los libros de la colección:
    1. Ficha técnica y artística
    2. Introducción
    3. Análisis argumental
    4. Estructura del film
    5. Análisis textual
    6. Recursos expresivos y narrativos
    7. Interpretaciones/Apéndices
    8. Equipo de producción y artístico
    9. Bibliografía
- Las propuestas de nuevos libros (que deberán ser inéditos) deberán constar, al menos, de los siguientes documentos:
    1. Justificación
    2. Índice comentado
    3. Bibliografía seleccionada
    4. Breve CV del autor (inferior a 500 palabras).
- Todos los documentos deberán ser entregados en soporte informático. En la página web de Nau Llibres existe una sección específica (http://naullibres.com/guias-para-ver-y-analizar) para el envío de originales.

El Comité Editorial, compuesto por expertos en comunicación audiovisual y educación, comunicará al autor, en un plazo no superior a tres meses, si acepta o no dicha propuesta. Si la respuesta es positiva, se firmará el correspondiente contrato de edición con la editorial y el autor se comprometerá a entregar, en el plazo que en su momento se estipule, un borrador del texto, que será revisado por los miembros del Comité Editorial. El autor deberá recoger las correcciones y sugerencias resultantes de la revisión para modificar convenientemente el texto antes de enviarlo a la editorial para proseguir el proceso de edición, que necesitará de la colaboración del autor para incorporar las ilustraciones y ejemplos previstos.